"十一五"国家重点图书出版规划

环 境 经 济 核 算 丛 书

# 中国环境经济核算研究报告 2011—2012

## Chinese Environmental and Economic Accounting Report 2011-2012

於 方 周 颖 马国霞 等 著

中国环境出版集团·北京

**图书在版编目（CIP）数据**

中国环境经济核算研究报告. 2011—2012/於方等著.
—北京：中国环境出版集团，2019.9
（环境经济核算丛书）
ISBN 978-7-5111-4111-8

Ⅰ．①中…　Ⅱ．①於…　Ⅲ．①环境经济—经济核算—
研究报告—中国—2011—2012　Ⅳ．①X196

中国版本图书馆 CIP 数据核字（2019）第 219825 号

出 版 人　武德凯
策　　划　陈金华
责任编辑　陈金华　曹　玮
责任校对　任　丽
封面设计　彭　杉

出版发行　中国环境出版集团
　　　　　（100062　北京市东城区广渠门内大街 16 号）
　　　　　网　　　址：http://www.cesp.com.cn
　　　　　电子邮箱：bjgl@cesp.com.cn
　　　　　联系电话：010-67112765（编辑管理部）
　　　　　发行热线：010-67125803，010-67113405（传真）
印　　刷　北京中科印刷有限公司
经　　销　各地新华书店
版　　次　2019 年 9 月第 1 版
印　　次　2019 年 9 月第 1 次印刷
开　　本　787×960　1/16
印　　张　10.75
字　　数　185 千字
定　　价　50.00 元

# 以科学和宽容的态度对待"绿色 GDP"核算

## （代总序）

自 1978 年中国改革开放 40 多年来，中国的 GDP 以平均每年 9.8% 的高速度增长，创造了现代世界经济发展的奇迹。但是，西方近 200 年工业化产生的环境问题也在中国近 20 年期间集中爆发了出来，环境污染正在损耗中国经济社会赖以发展的环境资源家底，社会经济的可持续发展面临着前所未有的压力。严峻的生态环境形势给我们敲响了警钟：模仿西方工业化的模式，靠拼资源、牺牲环境发展经济的老路是走不通的。在这种形势下，中国政府高屋建瓴、审时度势，提出了坚持以人为本、全面、协调、可持续的科学发展观，以科学发展观统领社会经济发展，走可持续发展道路。

### （一）

实施科学发展亟待解决的一个关键问题是，如何从科学发展观的角度，对人类社会经济发展的历史轨迹、经济增长的本质及其质量做出科学的评价？国内生产总值（GDP）作为国民经济核算体系（SNA）中最重要的总量指标，被世界各国普遍采用以衡量国家或地区经济发展总体水平，然而传统的国民经济核算体系，特别是作为主要指标的 GDP 已经不能如实、全面地反映人类社会经济活动对自然资源的消耗和生态环境的恶化状况，这样必然会导致经济发展陷入高耗能、高污染、高浪费的粗放型发展误区，从而对人类社会的可持续发展产生负面影响。为此，20 世纪 70 年代以来，一些国外学者开始研究修改传统的国民经济核算体系，提出了绿色 GDP 核算、绿色国民经济核算、综合环境经济核算等概念。一些国家和政府组织逐步开展了绿色 GDP 账户体系的研究和试算工作，并取得了一定的进展。在这期间，中国学者也做了一些开拓性的基础性研究。

中国在政府层面上开展绿色 GDP 核算有其强烈的政治需求。这也是中国独特的社会政治制度、干部考核制度和经济发展模式所决定的。时任总书记胡锦涛在 2004 年中央人口资源环境工作座谈会上就指出："要研究绿色国民经济核算方法，探索将发展过程中的资源消耗、环境损失和环境效益纳入经济发展水平的评价体系，建立和维护人与自然相对平衡的关系。"2005 年，国务院《关于落实科学发展观加强环境保护的决定》中也强调指出："要加快推进绿色国民经济核算体系的研究，建立科学评价发展与环境保护成果的机制，完善经济发展评价体系，将环境保护纳入地方政府和领导干部考核的重要内容"。2007 年，胡锦涛总书记在党的十七大报告中指出，我国社会经济发展中面临的突出问题就是"经济增长的资源环境代价过大"。2012年，胡锦涛总书记在党的十八大报告中又指出，要"把资源消耗、环境损害、生态效益纳入经济社会发展评价体系，建立体现生态文明要求的目标体系、考核办法、奖惩机制"。所有这些都说明了开展和继续探索绿色 GDP 核算的现实需求，要求有关部门和研究机构从区域和行业出发，从定量货币化的角度去核算发展的资源环境代价，告诉政府和老百姓"过大"的资源环境代价究竟有多大。

在这样一个历史背景下，国家环境保护总局和国家统计局于 2004年联合开展了"综合环境与经济核算（绿色 GDP）研究"项目，由国家环境保护总局环境规划院、中国人民大学、国家环境保护总局环境与经济政策研究中心、中国环境监测总站等单位组成的研究队伍承担了这一研究项目。2004 年 6 月 24 日，国家环保总局和国家统计局在杭州联合召开了"建立中国绿色国民经济核算体系"国际研讨会，国内外近 200 位官员和专家参加了研讨会，这是中国绿色 GDP 核算研究的一个重要里程碑。2005 年，国家环保总局和国家统计局启动并开展了 10 个省市区的绿色 GDP 核算研究试点和环境污染损失的调查。此后，绿色 GDP 成了当时中国媒体一个脍炙人口的新词和热点议题。如果你用谷歌和百度引擎搜索"Green GDP"和"绿色 GDP"，就可以迅速分别找到 106 万篇和 207 万篇相关网页。这些数字足以证明社会各界对绿色 GDP 的关注和期望。

## （二）

2006 年 9 月 7 日，国家环保总局和国家统计局两个部门首次发布了中国第一份《中国绿色国民经济核算研究报告 2004》，这也是国际上第一个由政府部门发布的绿色 GDP 核算报告，标志着中国的绿色国民经济核算研究取得了阶段性和突破性的成果。2006 年 9 月 19 日，全国人大环境与资源保护委员会还专门听取了项目组关于绿色 GDP 核算成果的汇报。目前，以环境保护部环境规划院为代表的技术组已经完成了 2004－2010 年共 7 年的全国环境经济核算研究报告。在这期间，世界银行援助中国开展了"建立中国绿色国民经济核算体系"项目，加拿大和挪威等国家相继与国家统计局开展了中国资源环境经济核算合作项目。中国的许多学者、研究机构、高等院校也开展了相应的研究，新闻媒体也对绿色 GDP 倍加关注，出现了大量有关绿色 GDP 的研究论文和评论，绿色 GDP 成为近几年的一个社会焦点和环境经济热点，但也有一些媒体对绿色 GDP 核算给予了过度的炒作和过高的期望。总体来看，在有关政府部门和研究机构的共同努力下，中国绿色国民经济核算研究取得了可喜的成果，同时，这项开创性的研究实践也得到了国际社会的高度评价。在第一份《中国绿色国民经济核算研究报告 2004》发布之际，国外主要报刊都对中国绿色 GDP 核算报告的发布进行了报道。国际社会普遍认为，中国开展绿色 GDP 核算试点是最大发展中国家在这个领域进行的有益尝试，也展现了中国敢于承担环境责任的大国形象，敢于面对问题、解决问题的勇气和决心。

2004 年度中国绿色 GDP 核算研究报告的成功发布得到了国内外对中国绿色 GDP 项目的热烈喝彩，但后续 2005 年度研究报告发布的"流产"也受到了一些官员和专家的质疑。一些官员对绿色 GDP 避而不谈甚至"谈绿色变"，认为绿色 GDP 的说法很不科学，也没有国际标准和通用的方法。特别是 2007 年年初环境保护部门与统计部门的纷争似乎表明，中国绿色 GDP 核算项目已经"寿终正寝"。但是，现实的情况是绿色 GDP 核算研究没有"夭折"，国家统计局正在尝试建立中国资源环境核算体系，在短期，可以填补绿色核算的缺位，在长期，则可以为未来实施绿色核算奠定基础。

从概念的角度来看，绿色 GDP 的确是媒体、社会的一种简化称呼。绿色 GDP 核算不等于绿色国民经济核算。绿色国民经济核算提供的政策信息要远多于绿色 GDP 核算本身包含的信息。科学的、专业的说法应该称作"绿色国民经济核算"或者国际上所称的"综合环境与经济核算"。但我们没有必要苛求公众去厘清这种概念的差异，公众喜欢叫"绿色 GDP"没有什么不好。这就像老百姓一般都习惯叫"GDP"一样，而没有必要让老百姓去理解"国民经济核算体系"。在国际层面，联合国统计署（UNSD）于 1989 年、1993 年、2000 年、2003 年分别发布了《综合环境与经济核算体系》(以下简称 SEEA) 4 个版本。2011 年，联合国统计署发布了最新的 SEEA（讨论稿），为建立绿色国民经济核算总量、自然资源和污染账户提供了基本框架；欧洲议会于2011 年 6 月初通过了"超越 GDP"决议和《欧盟环境经济核算法规》，这标志着环境经济核算体系将成为未来欧盟成员国统一使用的统计与核算标准。这些文件专门讨论了绿色 GDP 的问题。因此，"环境经济核算丛书"(以下简称"丛书") 也没有严格区分绿色 GDP 核算、绿色国民经济核算、资源环境经济核算的概念差异。

绿色 GDP 的定义不是唯一的。根据我们的理解，"丛书"所指的绿色 GDP 核算或绿色国民经济核算是一种在现有国民核算体系基础上，扣除资源消耗和环境成本后的 GDP 核算这样一种新的核算体系，是一个逐步发展的框架。绿色 GDP 可以一定程度上反映一个国家或者地区的真实经济福利水平，也能比较全面地反映经济活动的资源和环境代价。我们的绿色 GDP 核算项目提出的中国绿色国民经济核算框架，包括资源经济核算、环境经济核算两大部分。资源经济核算包括矿物资源、水资源、森林资源、耕地资源、草地资源，等等。环境经济核算主要是环境污染和生态破坏成本核算。这两个部分在传统的GDP 里扣除之后，就得到我们所称的绿色 GDP。很显然，我们目前所做的核算仅仅是环境污染经济核算，而且是一个非常狭义的、附加很多条件的绿色 GDP 核算。我们从 2008 年开始探索生态破坏损失的核算，从 2010 年开始探索经济系统的物质流核算。即使这样，绿色 GDP在反映经济活动的资源和环境代价方面，仍然发挥着重要作用。很显然，这种狭义的绿色 GDP 是 GDP 的补充，是依附于现实中的 GDP 指标的。因此，如果有一天，全国都实现了绿色经济和可持续发展，地方政府政绩考核也不再使用 GDP，那么这种非常狭义的绿色 GDP 也将会失去其现实意义。那时，绿色 GDP 将真正地"寿终正寝"，离开我们的 GDP 而去。

## （三）

从科学的意义上来讲，我们目前开展的绿色 GDP 核算研究最后得到的仅仅是一个"经环境污染和部分生态破坏调整后的 GDP"，是一个不全面的、有诸多限制条件的绿色 GDP，是一个仅考虑部分环境污染和生态破坏扣减的绿色 GDP，与完整的绿色 GDP 还有相当的距离。严格意义上，现有的绿色 GDP 核算只是提出了两个主要指标：①经虚拟治理成本扣减的 GDP，或者称 GDP 的污染扣减指数；②环境污染损失占 GDP 的比例。而且，我们第一步核算出来的环境污染损失还不完整，还未包括全部的生态破坏损失、地下水污染损失、土壤污染损失等内容。完全意义上的绿色 GDP 是一项全新的、涉及多部门的工作，既包括资源核算，又包括环境核算，只能由国家统计局组织有关资源和环保部门经过长期的努力才能得到，是一个理想的、长期的核算目标。因此，我们要用一种宽容的、发展的眼光去看待绿色 GDP 核算，也希望大家以宽容的态度对待我们的"绿色 GDP"概念。

由于环境统计数据的可得性、时间的限制、剂量反应关系的缺乏等原因，目前发布的狭义绿色 GDP 核算和环境污染经济核算没有包括多项损失核算，如土壤和地下水污染损失、噪声和辐射等物理污染损失、污染造成的休闲娱乐损失、室内空气污染对人体健康造成的损失、臭氧对人体健康的影响损失、大气污染造成的林业损失、水污染对人体健康造成的损失等。这些缺项需要在下一步的研究工作中继续完善。这也是一种我们应该遵循的不断探索研究和不断进步完善的科学态度。但是，即使有这么多的损失缺项核算，已有的非常狭窄的绿色 GDP 核算结果也展示给我们一个发人深省的环境代价图景。2004 年狭义的环境污染损失已经达到 5 118 亿元，占到全国 GDP 的 3.05%。尽管 2004—2010 年环境污染损失占 GDP 的比例大体在 3%，但环境污染经济损失绝对量依然在逐年上升，表明全国环境污染恶化的趋势没有得到根本控制。

作为新的核算体系来说，中国的绿色 GDP 核算体系建立才刚刚开始。除环境污染核算、森林资源核算和水资源核算取得一定成果外，其他部门核算研究还相对滞后，环境核算中的生态破坏核算也刚刚起步。但需要强调的是，这只是一个探索性的研究项目。既然是研究项目，本身就决定它是探索性的，没有必要非得等到国际上设立一个明确的标准，我们再来开展完整的绿色 GDP 核算。如果有了国际标准，我们就不需要研究了，而是实施操作的问题了。绿色 GDP 核算的启动实施，虽面临着许多技术、观念和制度方面的障碍，但没有这样的核算指标，我们就无法全面衡量我们的真实发展水平，我们就无法用科学的基础数据来支撑可持续发展的战略决策，我们就无法实现对整个社会的综合统筹与协调。因此，无论有多少困难和阻力，我们都应当继续研究探索，逐步建立起符合中国国情的绿色 GDP 核算体系。党的十八大报告明确指出，要把资源消耗、环境损害、生态效益纳入经济社会发展评价体系，这是推动绿色 GDP 核算的最新动力。

## （四）

《中国绿色国民经济核算研究报告 2004》是迄今为止唯一一份以政府部门名义公开发布的绿色 GDP 核算研究报告。考虑到目前开展的核算研究与完整的绿色 GDP 核算还有相当的差距，为了科学客观和正确引导起见，从 2005 年开始我们把报告名称调整为《中国环境经济核算研究报告》。到目前为止，我们陆续出版了 2005—2010 年的《中国环境经济核算研究报告》。这一点也证明了，尽管在制度层面上建立绿色 GDP 核算是一个非常艰巨的任务，但从技术层面来看，狭义的绿色 GDP 是可以核算的，至少从研究层面看是可以计算的。之所以至今才公布最新的研究报告，很大原因在于环境保护部门和统计部门在发布内容、发布方式乃至话语权方面都存在着较大分歧，同时也遇到一些地方的阻力。目前开展的绿色 GDP 核算中有两个重要概念，一个是"虚拟治理成本"；另一个是"环境污染损失"。这两个概念与 SEEA 关于绿色 GDP 的核算思路是一致的。虚拟治理成本是指假设把排放到环境中的污染"全部"进行治理所需的成本，这些成本可以用产品市场价格给予货币化，可以作为中间消耗从 GDP 中扣减，因此我们称虚拟治理成本占 GDP 的百分点为 GDP 的污染扣减指数。这是统计部门和环保部门都能够接受的一个概念。而环境污染损失是指排放到环境中的所有污染造成环境质量下降所带来的人体健康、经济活动和生态质量等方面的损失，然后通过环境价值特定核算方法得到的货币化损失值，通常要比虚拟治理成本高。由于对环境损失核算方法的认识存在分歧，我们就没有在 GDP 中扣减污染损失，我们称它为污染损失占 GDP 的比例。这是一种相对比较科学的、认真的做法，也是一种技术方法上的权衡。

中国绿色 GDP 核算研究报告发布的历程证明，在中国真正全面落实科学发展观并非易事。这样一个政府部门指导下的绿色 GDP 核算研究报告的发布都遇到了来自地方政府的阻力。2006 年第一次发布的绿色 GDP 核算研究报告中，并没有提供全国 31 个分省核算数据，而只是概括性地列出了东、中、西部的核算情况。这种做法对引导地方充分认识经济发展的资源环境代价起不到什么作用。但是，我们的绿色 GDP 核算是一种自下而上的核算，有各地区和各行业的核算结果。地方对公布全国 31 个省份的研究核算结果比较敏感。2006 年年底，参加绿色 GDP 核算试点的 10 个省市的核算试点工作全部通过了两个部门的验收，但只有两个省市公布了绿色 GDP 核算的研究成果，个别试点省市还曾向原国家环保总局和国家统计局正式发函，要求不要公布分省的核算结果。地方政府的这种态度变化以及部门的意见分歧使得绿色 GDP 核算研究报告的发布最终陷入了僵局。目前，许多地方仍然唯 GDP 至上，在这种观念支配下，要在政府层面上继续开展绿色 GDP 核算，甚至建立绿色 GDP 考核指标体系，其阻力之大是可想而知的。

## （五）

中国有自己的国情，现在开展的绿色 GDP 核算研究则恰恰是符合中国目前的国情的。尽管目前的绿色 GDP 核算研究，无论是在核算框架、技术方法还是核算数据支持和制度安排方面，都存在这样和那样的众多问题，但是要特别强调的是这是新生事物，因此请大家要以包容的、宽容的、科学的态度去对待绿色 GDP 核算研究。尽管我们受到了一些压力，但我们依然在继续探索绿色 GDP 的核算，到目前为止也没有停止过研究。更让我们欣慰的是，这项研究得到了全社会关注的同时，也得到了社会的认可和肯定。绿色 GDP 核算研究小组获得了2006 年绿色中国年度人物特别奖，"中国绿色国民经济核算体系研究"项目成果也获得了 2008 年度国家环境科学技术二等奖。根据 2010 年可持续研究地球奖申报、提名和评审结果，可持续研究地球奖评审团授予中国环境规划院 2010 年全球可持续研究奖第二名，以表彰中国环境规划院在环境经济核算方面做出的杰出成就和贡献。近几年，一些省市（如四川、湖南、深圳等）也继续开展了绿色 GDP 和环境经济核算研究。特别是随着生态文明和美丽中国建设的提出，社会层面上许多官员和学者又继续呼吁建立绿色 GDP 核算体系。

开展绿色国民经济核算研究工作是一项得民心、顺民意、合潮流的系统工程。我们不能认为国际上没有核算标准，就裹足不前了。我们不能认为绿色 GDP 核算会影响地方政府的形象，就不公开绿色 GDP 核算的报告。我们应该鼓励大胆探索研究，让中国在建立绿色国民经济核算"国际标准"方面做出贡献。2007 年 7 月，《中国青年报》社会调查中心与腾讯网新闻中心联合实施的一项公众调查表明：96.4%的公众仍坚持认为"我国有必要进行绿色 GDP 核算"，85.2%的人表示自己所在地"牺牲环境换取 GDP 增长"的现象普遍，79.6%的人认为

"绿色 GDP 核算有助于扭转地方政府'唯 GDP'的政绩观"。调查对于"国际上还没有政府公布绿色 GDP 核算数据的先例,中国也不宜公布"和"绿色 GDP 核算理论和方法都尚不成熟,不宜对外发布"的说法,分别仅有 4.4%和 6.7%的人表示认同。2008 年《小康》杂志开展的一项调查表明,90%的公众认为为了制约地方政府用环境换取 GDP 的冲动,应该公开发布绿色 GDP 核算报告。

但是,无论从绿色 GDP 核算制度和体系角度来看,还是从核算方法和基础角度来看,近期把绿色 GDP 指标作为地方政府政绩考核指标都是不可能的,而且以政府平台发布核算报告也具有一定的局限性。如果把绿色 GDP 核算交给地方政府部门核算,与一些地方的虚假 GDP 核算一样,也会出现虚假的绿色 GDP 核算。因此,建议下一步的绿色 GDP 核算或环境经济核算研究报告以研究单位的研究报告方式出版发行,这也能起到一定的补充作用,也是一种比较稳妥、严谨客观、相对科学的做法。这样既可以排除地方政府部门的干扰,保证研究核算结果的公平公正,也能在一定程度上减轻地方政府部门的压力。经过一定时间的研究探索和全面的试点完善,再把绿色 GDP 核算纳入地方政府的官员政绩考核体系中。大家知道,现有的国民经济核算体系也是经过 20 多年摸索才建立起来的,GDP 核算结果也经常受到质疑,仍处于不断的继续完善之中。同样,绿色 GDP 核算体系的建立也需要一个很长的时间,或许是 20 年、30 年甚至更长的时间。总之,我们都要以科学的、宽容的态度去对待绿色 GDP 核算研究。

## (六)

开展绿色 GDP 核算的意义和作用是一个具有争议性的话题。不管如何,绿色 GDP 核算报告的发布造成这么大的震动,成为当年地方政府如此敏感的话题,本身就证明绿色 GDP 核算是有用的。绿色 GDP 核算触及了一些地方官员的痛处,使他们在制定发展模式时有所顾忌,这样我们的目的实际上就达到了一半。有触痛说明绿色 GDP 核算研究就还有点用。绿色 GDP 意味着观念的深刻转变,意味着科学发展观的一种衡量尺度。一旦能够真正实施绿色 GDP 考核,人们心中的发展内涵与衡量标准就要随之改变,同时由于扣除环境损失成本,也会使一些地区的经济增长"业绩"大大下降。我们认为,通过发布这样的年度绿色 GDP 核算报告,必定会激励各级领导干部在发展经济的同时顾及环境问题、生态问题和资源问题。无论他们是主动顾忌,还是被动顾忌，只要有所顾忌就好。而且，我们相信随着研究工作的持续开展，他们的观念会从被动顾忌转向主动顾忌，从主动顾忌到主动选择，从而最终促进资源节约和环境友好型社会的发展。

全国以及 10 个省市的核算试点表明，开展绿色 GDP 核算和环境经济核算对于落实科学发展观、促进环境与经济的科学决策具有重要的意义，具体表现在：一是通过核算引导树立科学发展观。通过绿色 GDP 核算，促使地方政府充分认识经济增长的巨大环境代价，引导地方政府部门从追求短期利益向追求社会经济长远利益发展。根据环境保护部环境规划院 2007 年对全国近 100 个市长的调查，有 95.6%的官员认为建立绿色 GDP 核算体系能够促进地方政府落实科学发展观，有 67.6%的官员认为绿色 GDP 可以作为地方政府的绩效考核指标。二是通过核算展示污染经济全景，了解经济增长的资源环境代价。通过实物量核算展示环境污染全景图，让政府找出环境污染的"主要制造者"和污染排放的"重灾区"，对未来环境污染治理重点、污染物总量控制和重点污染源监测体系建设给予确认；通过环境污染价值量核算衡量各行业和地区的虚拟治理成本，明确各部门和地区的环境污染治理缺口和环保投资需求。三是为制定环境政策提供依据。通过各部门和地区的虚拟治理成本核算得到不同污染物的治理费用，通过各地区的污染损失核算揭示经济发展造成的环境污染代价，对于开展环境污染费用效益分析、建立环境与经济综合决策支持系统具有积极的现实意义。核算的衍生成果可以为环境税收、生态补偿、区域发展定位、产业结构调整、产业污染控制政策制定以及公众环境权益的维护等提供科学依据。

正因为如此，绿色 GDP 的研究核算工作才更有坚持的必要。任何重大改革创新，倘若遇有这样那样执行的困难，就放弃正确的大方向而改弦更张，甚至削足适履，那么，整个经济社会发展非但不能进步，相反还会因为因循守旧而倒退。因此，我们不能以一种功利的态度对待绿色 GDP 核算，不能对绿色 GDP 核算的应用操之过急，更不能简单地认为绿色 GDP 考核就等同于体现科学发展观的政绩考核制度。为了更加科学起见，从 2007 年开始，环境经济核算课题组扩展了核算内容，把森林、草地、湿地和矿产开发等生态破坏损失的核算纳入环境经济核算体系，把环境主题下的狭义绿色 GDP 核算称为环境经济核算。2010 年，我们又探索社会经济系统的物质流核算，以测定直接物质投入的产出率。此后将开始陆续出版年度《中国环境经济核算研究报告》。同时，国家发改委与环境保护部、国家林业局等部门，从2009 年开始着手建立中国资源环境统计指标体系。我们也开始探索环境绩效管理和评估制度，运用多种手段来评价国家和地方的社会经济与环境发展的可持续性。

## （七）

绿色 GDP 核算是一项繁杂的系统工程，涉及国土资源、水利、林业、环境、海洋、农业、卫生、建设、统计等多个部门，部门之间的协调合作机制亟待建立。多个部门共同开展工作，合作得好，可以发挥各部门的优势；合作不好，难免相互掣肘，工作就难以开展，甚至阻碍这项工作的开展。环境核算需要环保部门与统计部门的合作，森林资源核算需要林业部门与统计部门的合作，矿产资源核算则需国土资源部门与统计部门合作。

绿色 GDP 是具有探索性和创新性的难事，需要统计部门对资源环境核算体系框架的把关，建立相应的核算制度和统计体系。因此，在推进中国的绿色 GDP 核算以及资源环境经济核算领域，统计部门是责无旁贷的"总设计师"。统计部门应在资源、环保部门的支持下，在现有 GDP 核算的基础上设立卫星账户，勇敢地在传统 GDP 上做"减法"，核算出传统发展模式和经济增长的资源环境代价，用资源环境核算去展示和衡量科学发展观的落实度。我们欣喜地看到，尽管国家统计部门对绿色 GDP 核算有不同的看法，但没有放弃建立资源环境核算体系的目标，一直致力于建立中国的资源环境经济核算体系。特别是最近几年，原国家统计局与国家林业局、水利部、原国土资源部联合开展了森林资源核算、水资源核算、矿产资源核算等项目，取得了一些资源部门核算的阶段性成果。目前，水利部门和林业部门已经分别完成了水资源和森林资源核算研究，取得了很好的核算成果。

中国资源环境核算体系制定工作也在进展之中。正如国家统计局原局长马建堂在一次"中国资源环境核算体系"专家咨询会议上指出的那样，国家统计局高度重视资源环境核算工作，认为建立资源环境核算是国家从以经济建设为中心转向科学发展的必然选择，统计部门要把资源环境核算作为统计部门学习实践科学发展观的切入点，把资源环境核算作为统计部门落实科学发展观的重要举措，把资源环境核算作为统计部门实践科学发展观的重要标尺，尽快出台中国资源环境核算体系和资源环境评价指标体系，逐步规范资源环境核算工作，把资源环境核算最终纳入地方党政领导科学发展的考核体系中。马建堂还指出，建立资源环境核算体系是一项非常困难和艰巨的工作，是一项前无古人之事，是一项具有挑战性的工作，不能因为困难而不往前推，不能因为困难而不抓紧做，要边干边发现边试算，要试中搞、干中学。国家统计局根据"通行、开放"的原则，将中国资源环境核算体系与联合国的 SEEA 接轨，与政府部门的需求和国家科学发展观的需求接轨。建议国家统计局不仅组织牵头开展这项工作，必要时在统计部门的机构设置方面做出调整，以适应全面落实科学发展观和建立资源环境核算体系的需要。

## （八）

绿色 GDP 核算研究是一项复杂的系统政策工程。在取得目前已有成果的过程中，许多官员和专家做出了积极的贡献。通常的做法是，出版这样一套"丛书"要邀请那些对该项研究做出贡献的官员和专家组成一个丛书指导委员会和顾问委员会。限于观点分歧、责任分担、操作程序等原因，我们不得不放弃这样一种传统的做法。但是，我们依然十分感谢这些官员和专家的贡献。在这些官员中，原国家统计局李德水局长、马建堂局长、许宪春副局长、彭志龙司长和现国家统计局宁吉喆局长对推动绿色 GDP 核算研究做出了积极的贡献。原环境保护部潘岳副部长是绿色 GDP 的倡议者，对传播绿色 GDP 理念和推动核算研究做出了独特的贡献。毫无疑问，没有这些政府部门领导的指导和支持，中国的绿色 GDP 核算研究就不可能取得目前的进展。正是由于国家统计局的不懈努力，中国的资源环境核算研究才得以继续前进。在此，我们要特别感谢生态环境部翟青副部长、赵英民副部长、庄国泰副部长、徐必久司长、别涛司长、邹首民司长、刘炳江司长、刘志全司长、尤艳馨巡视员、宋小智巡视员、夏光巡视员、李春红副巡视员、房志处长、贾金虎处长、赖晓东处长、陈默调研员、刘春艳调研员，原国家环保总局王玉庆副局长、张坤民副局长，原环境保护部周建副部长、万本太总工程师、杨朝飞总工程师、朱建平司长、刘启风巡视员、赵建中副巡视员，原环境保护部环境规划院洪亚雄院长、吴舜泽副院长，中国环境监测总站原站长魏山峰，原环境保护部外经办王新处长和谢永明高工等做出的贡献。我们要特别感谢国家统计局对绿色国民经济核算研究的有力支持，感谢文兼武司长、王益煊副司长、李锁强副总队长等对绿色国民经济核算项目的指导和支持。我们要特别感谢国家发改委、全国人大环境与资源委员会、科技部、原国土资源部、原国家林业局、国家水利部等部门对绿色 GDP 核算项目的支持、关注和技术咨询。

我要特别感谢绿色 GDP 核算的研究小组，其中包括来自 10 个试点省市的研究人员。我们庆幸有这样一支跨部门、跨专业、跨思想的研究队伍，在前后近 4 年的时间开展了真实而富有效率的调查和研究。尽管我们有时也为核算技术问题争论得面红耳赤，但我们大家一起克服种种困难和压力，圆满完成了绿色 GDP 核算研究任务。我们要特别感谢参加绿色 GDP 核算试点研究的北京、天津、重庆、广东、浙江、安徽、四川、海南、辽宁、河北 10 个省市以及湖北省神农架林区的环保和统计部门的所有参加人员。他们与我们一样经历过欣喜、压力、辛酸和无奈。他们是中国开展绿色 GDP 核算研究的第一批勇敢的实践者和贡献者。尽管在此不能一一列出他们的名字，但正是他们出色的试点工作和创新贡献才使得中国的绿色 GDP 核算取得了这样丰富多彩的成果，为全国的绿色 GDP 核算提供了坚实的基础和技术方法的验证。

在绿色 GDP 核算研究项目过程中，始终有一批专家学者对绿色 GDP 核算研究给予高度的关注和支持，他们积极参与了核算体系框架、核算技术方法、核算研究报告等咨询、论证和指导工作，对我们的核算研究工作也给予了极大的鼓励。有些专家对绿色 GDP 核算提出了不同的、有益的、反对的意见，但正是这些不同意见使得我们更加认真谨慎和保持头脑清醒，更加客观科学地去看待绿色 GDP 核算问题。毫无疑问，这些专家对绿色 GDP 核算的贡献不亚于那些完全支持绿色 GDP 核算的专家所给予的贡献。这方面的专家主要有中国科学院牛文元教授、李文华院士和冯宗炜院士，中国环境科学研究院刘鸿亮院士和王文兴院士，原环境保护部金鉴明院士，中国环境监测总站魏复盛院士和景立新研究员，中国林业科学研究院王涛院士，中国社会科学院郑易生教授、齐建国研究员和潘家华教授，国务院发展研究中心周宏春研究员和林家彬研究员，中国海洋石油总公司邱晓华研究员，中国人民大学刘伟校长和马中教授，北京大学萧灼基教授、叶文虎教授、潘小川教授和张世秋教授，清华大学魏杰教授、齐晔教授和张天柱教授，国家宏观经济研究院曾澜研究员、张庆杰研究员和解三明研究员，中日友好环境保护中心任勇主任，能源基金会（美国）北京办事处邹骥总裁，中国农业科学院姜文来研究员，中国科学院王毅研究员和石敏俊研究员，北京林业大学张颖教授，中国环境科学研究院孙启宏研究员，中国林业科学研究院江泽慧教授、卢崎研究员和李智勇研究员，卫生部疾病预防控制中心白雪涛研究员，国家信息中心杜平研究员，国家林业和草原局戴广翠巡视员，中国水利水电科学研究院甘泓研究员和陈韶君研究员，中华经济研究院萧代基教授，同济大学褚大建教授和蒋大和教授，北京师范大学杨志峰院士和毛显强教授。在此，我们要特别感谢这些专家的智慧点拨、专业指导以及中肯的意见。

中国绿色 GDP 核算研究得到了国际社会的高度关注。世界银行、联合国统计署、联合国环境署、联合国亚太经社会、经济合作与发展组织、欧洲环境局、亚洲开发银行、美国未来资源研究所、世界资源研究所等都积极支持中国绿色 GDP 核算的工作，核算技术组与加拿大、德国、挪威、日本、韩国、菲律宾、印度、巴西等国家的统计部门和环境部门开展了很好的交流与合作。

原中国环境科学出版社的陈金华女士对本"丛书"的出版付出了很大的心血，精心组织"丛书"选题和编辑工作。同时，"丛书"的出版得到了原环境保护部环境规划院承担的国家"十五"科技攻关《中国绿色国民经济核算体系框架研究》课题、世界银行"建立中国绿色国民经济核算体系"项目以及财政部预算"中国环境经济核算与环境污染损失调查"等项目的资助。在此，对生态环境部环境规划院和中国环境出版集团的支持表示感谢。最后，对"丛书"中引用参考文献的所有作者表示感谢。

## （九）

中国绿色 GDP 核算的研究和试点在规模和深度上是前所未有的。虽然许多国家在绿色核算领域已经做了不少工作，但是由于绿色核算在理论和技术上仍有不少问题没有解决，至今没有一个国家和地区建立了完整的绿色国民经济核算体系，只是个别国家和地区开展了案例性、局部性、阶段性的研究。本套"丛书"是中国绿色 GDP 核算项目理论方法和试点实践的总结，无论是在绿色核算的技术方法上，还是指导绿色核算的实际操作上在国内都填补了空白，在国际层面上也具有一定的参考价值。

然而，我们必须清醒地认识到，绿色国民经济核算体系是一个十分复杂而崭新的系统工程，目前我们取得的成绩仅是绿色核算"万里长征"的第一步，在理论上、方法上和制度上还存在许多不足和难点需要我们去不断攻克。我们必须充分认识建立绿色国民经济核算体系的难度，科学严谨、脚踏实地、坚持不懈地去研究建立环境经济核算的核算体系和制度，最终为全面落实和贯彻科学发展观提供环境经济评价工具，为建立世界的绿色国民经济核算体系做出中国的贡献。

为了使得本套"丛书"更加科学、客观、独立地反映绿色 GDP 核算研究成果，"丛书"编辑时没有要求每册的选题目标、概念术语、技术方法保持完全的一致性，而是允许"丛书"各册具有相对独立性和相对可读性。近几年来，我们把环境经济核算的最新研究成果陆续加入"丛书"中，让更多的人了解并加入探索中国环境经济核算的队伍中。由于时间限制和水平有限，"丛书"难免有各种错误或不当之处，我们欢迎读者与我们联系（邮箱 wangjn@caep.org.cn），提出批评、给予指正。我们期望与大家一起以一种科学和宽容的态度去对待绿色 GDP 核算，与大家一起继续探索中国的绿色 GDP 核算体系。我们也相信，随着生态文明和美丽中国建设的推进，绿色 GDP 核算正在成为一个科学发展观的有效评价体系。

王金南

首记于 2009 年 2 月 1 日，再记于 2019 年 2 月 1 日

# 前　言

　　2012 年国务院《政府工作报告》明确提出调低 GDP 预期增长目标，引导各方面把工作着力点放到加快转变经济发展方式、切实提高经济发展质量和效益上来。党的十八大报告也进一步提出加强生态文明制度建设，明确提出把资源消耗、环境损害、生态效益纳入经济社会发展评价体系。但现有国民核算体系没有反映经济增长的资源消耗和环境代价，过分夸大了经济增长的贡献。现行国民经济核算体系的局限性主要体现在 5 个方面：①不能反映经济增长的全部社会成本；②不能反映经济增长的方式以及增长方式的适宜程度和为此付出的代价；③不能反映经济增长的效率、效益和质量；④不能反映社会财富的总积累，以及社会福利的变化；⑤不能有效衡量社会分配和社会公正。为此，国际上从 20 世纪 70 年代开始研究建立绿色国民经济核算体系，它在传统的 GDP 核算体系中扣除自然资源耗减成本和环境退化成本，以期更加真实地衡量经济发展成果和国民经济福利。

　　为定量反映中国经济发展的资源环境代价，以环境保护部环境规划院为代表的技术组已经完成了 2004—2012 年共 9 年的中国环境经济核算研究报告，核算内容基本遵循联合国发布的 SEEA 体系。根据 SEEA，完整的绿色国民经济核算体系包括资源耗减成本核算和环境退化成本核算两部分。考虑到我国开展环境经济核算的现实，本书仅指环境退化成本的核算，包括环境污染损失核算和生态破坏损失核算两部分。环境污染损失核算包括环境污染实物量和价值量核算，价值量核算采用治理成本法和污染损失法分别得到环境污染虚拟治理成本和环境退化成本，生态破坏损失仅包括森林、湿地、草地和矿产开发造成的地下水破坏和地质塌陷等的生态破坏经济损失，耕地和海洋生态系统由于基础数据缺乏，没有核算在内。物质流核算根据国际上通用的物质流核算方法学框架，对全国经济系统输入输出物质流进行了测算。

2011年和2012年核算结果显示，我国经济发展造成的环境污染代价持续增加。2011年基于退化成本的环境污染代价为12 690.4亿元，生态环境退化成本共计17 271.2亿元，占 GDP 比重为3.3%。2012年基于退化成本的环境污染代价为13 357.7亿元，生态环境退化成本共计18 103.5亿元，占 GDP 比重为3.1%。大气污染造成的人体健康损失是大气环境退化成本的重要组成部分，2011年和2012年大气污染造成的城市居民健康损失占总大气环境退化成本的比例分别为70.5%和75%。污染型缺水是水污染环境退化成本的重要组成部分，2011年和2012年污染型缺水占总水环境退化成本的比例分别为59.4%和59.1%。

我国生态环境退化成本空间分布不均，生态破坏损失主要分布在西部地区，环境退化成本主要分布在东部地区。2011 年，东部、中部、西部 3 个地区的生态环境损失占总生态环境损失的比重大约在42.6%、26.1%和31.3%。2012 年，东部、中部、西部 3 个地区的生态环境损失占总生态环境损失的比重分别为44.9%、24.7%和30.4%。总体上，我国西部地区的 GDP 生态环境退化指数远高于中部地区和东部地区。

资源利用方面，我国经济增长的物质投入持续上升，资源产出率低。2000 年本地物质投入接近 60 亿 t，而 2007—2011 年 5 年的本地物质投入均超过了百亿吨。本地物质消耗也于 2010 年突破了百亿吨。这表明近十年来，我国在经济发展的同时，物质投入与消耗也大幅上升，经济增长仍高度依赖自然资源的投入。2006—2011 年，本地物质投入和本地物质消耗增加趋势加快。其中，人均本地物质投入由 6.3 t/人增加到 9.7 t/人，人均本地消耗由 5.4 t/人增加到 9.3 t/人。从我国经济增长的资源生产力指标看，我国的资产产出率由 2006 年的320 美元/t 上升到 2011 年的 414 美元/t，但总体资源产出率较低，在国际上处于下游水平（先进国家 2 500 ~ 3 500 美元/t）。

　　截至 2012 年，我们已初步形成绿色国民经济年度核算报告制度，环境经济核算报告从区域比较、行业比较等多个角度和层面对环境污染实物量账户、环境质量账户、环境污染价值量账户、生态破坏损失价值量账户、GDP 扣减指数、物质流账户、碳排放账户、污染物减排账户的核算结果进行比较，开展经济增长与资源消耗、污染排放的协调性分析，为国家和地区中期产业结构调整、污染减排、风险防范政策的制定提供数据和技术支持。

　　本书共有 16 章组成，全书由於方、马国霞讨论拟定结构框架，由相关执笔者承担相应章节的编写。具体编写分工如下：马国霞负责第 7 章、第 9 章、第 14 章和第 16 章；周颖负责第 1 章、第 2 章、第 10 章、第 11 章；於方负责第 6 章、第 8 章、第 15 章；彭菲负责第 3 章、第 5 章、第 12 章；杨威杉负责第 4 章；吴琼负责第 13 章。本书得到国家重点研发计划重点专项（No.2016YFC0208800）资助。

# 目　录

## 第一部分　中国环境经济核算研究报告 2011

第二部分　中国环境经济核算研究报告 2012

# 第一部分
# 中国环境经济核算研究报告
# 2011

（陈金华　摄影）

# 第1章
# 核算方法与内容

GDP 是考察宏观经济的重要指标，是对一国总体经济运行表现做出的概括性衡量。但现行的国民经济核算体系有一定的局限性：①不能反映经济增长的全部社会成本；②不能反映经济增长的方式以及增长方式的适宜程度和为此付出的代价；③不能反映经济增长的效率、效益和质量；④不能反映社会财富的总积累，以及社会福利的变化；⑤不能有效衡量社会分配和社会公正。

为此，从 20 世纪 70 年代国际上开始研究建立绿色国民经济核算（以下简称绿色 GDP 核算）体系，它在传统的 GDP 核算体系中扣除自然资源耗减成本和环境退化成本，以期更加真实地衡量经济发展成果和国民经济福利。在挪威、美国、荷兰、德国开展自然资源核算、环境污染损失成本核算、环境污染实物量核算、环境保护投入产出核算工作的基础上，联合国统计司（UNSD）于 1989 年、1993 年、2003 年和 2013 年先后发布并修订了《综合环境与经济核算体系》（SEEA），为建立绿色国民经济核算总量、自然资源和污染账户提供了基本框架。欧洲议会于 2011 年 6 月初通过了"超越 GDP"决议以及一项作为重要解决手段的法规——环境经济核算法规，象征着欧盟在使用包括 GDP 在内的多元指标衡量问题方面成功迈进了一步。欧盟、欧洲议会、罗马俱乐部、经济合作与发展组织和世界自然基金会组织的超越 GDP 会议，来自 50 个国家的 650 个代表参加会议，对提高真实财富和国家福利的测算方法和实施进程进行了重点讨论，会议在 *Nature* 杂志上进行了专题报道。

截至本报告发布，以环境保护部环境规划院为代表的技术组已经完成了 2004—2012 年共 9 年的全国环境经济核算研究报告①，核算内容基本遵循联合国发布的 SEEA，但不包括自然资源耗减成本的核算。9 年的核算结果表明，我国经济发展造成的环境污染代价持续增长，环境污染治理和生态破坏压力日益增大，9 年间基于退化成本的环境污染代价从 5 118.2 亿元提高到 13 357.6 亿元，增长了 161%，年均增长 11.3%。虚拟治理成本从 2 874.4 亿元提高到 6 888.2 亿元，增长了139.6%。2012 年环境退化成本和生态破坏损失成本合计 18 103.5 亿元，较 2011 年增加 3.8%，约占当年 GDP 的 3.1%。

在环境经济核算账户中，为了充分保证核算结果的科学性，在核算方法上不够成熟以及基础数据不具备的环境污染损失和生态破坏损失项，没有计算在内，目前的核算结果是不完整的环境污染和生态破坏损失代价。本研究报告中的环境污染损失核算包括环境污染实物量和价值量核算，采用治理成本法和污染损失法计算环境污染虚拟治理成本和环境退化成本。其中，环境退化成本存在核算范围不全面、核算结果偏低的问题。生态破坏损失仅包括森林、湿地、草地和矿产开发造成的地下水破坏和地质塌陷等，耕地和海洋生态系统没有核算，已核算出的损失也未涵盖所有应计算的生态服务功能。

目前基于环境污染的绿色国民经济年度核算报告制度已初步形成，核算范围与核算内容今后将相对固定。2012 年核算报告重点对2012 年和 2006—2012 年的我国环境经济核算结果做系统全面的总结和分析。报告从区域比较、行业比较等多个角度和层面对环境污染实物量账户、环境质量账户、环境污染价值量账户、生态破坏损失价值量账户、GDP 污染扣减指数、物质流账户、碳排放账户、污染物减排账户的核算结果进行比较，开展经济增长与资源消耗、污染排放的协调性分析，为国家和地区中期产业结构调整、污染减排、风险防范政策的制定提供数据和技术支持。

本报告由环境保护部环境规划院完成，环境统计与质量数据由中国环境监测总站提供，课题研究单位还包括中国人民大学、清华大学。感谢环境保护部、国家统计局等部委有关领导对本项研究一直以来给予的指导和帮助。

---

① 鉴于目前开展的核算与完整的绿色国民经济核算还有差距，从 2005 年起这项研究从最初的"绿色国民经济核算研究"更名为"环境经济核算研究"，研究报告名称也调整为《中国环境经济核算研究报告》。

## 专栏 1.1　环境经济核算数据来源

以环境统计和其他相关统计为依据，全面核算全国 31 个省（区、市）①和各产业部门的水污染、大气污染和固体废物污染的实物量和虚拟治理成本，得出经环境污染调整的 GDP 核算结果以及全国 30 个省（区、市）（未包括西藏）的环境退化成本、生态破坏损失及其占 GDP 的比例。报告基础数据来源包括《中国统计年鉴 2012》《中国统计年鉴 2013》《中国环境统计年报 2011》《中国环境统计年报 2012》《中国城乡建设统计年鉴 2011》《中国城乡建设统计年鉴 2012》《中国能源统计年鉴 2012》《中国能源统计年鉴 2013》《中国卫生统计年鉴 2012》《中国卫生统计年鉴 2013》《中国乡镇企业及农产品加工业年鉴 2012》《中国乡镇企业及农产品加工业年鉴 2013》《2008 中国卫生服务调查研究——第四次家庭健康询问调查分析报告》《中国畜牧业年鉴 2012》《中国畜牧业年鉴 2013》《全国环境质量报告书 2012》《全国环境质量报告书 2013》以及 30 个省（区、市）的 2011 年和 2012 年度统计年鉴，环境质量数据和环境统计基表数据由中国环境监测总站提供。

生态破坏损失核算基础数据主要来源于全国第 7 次（2004—2008年）和第 6 次（1999—2003 年）森林资源清查、全国湿地资源调查（1995—2003 年）、全国矿山地质环境调查（2002—2007 年）、全国第三次荒漠化调查（2004—2005 年）、全国 674 个气象站点数据、中国农业科学院 MODIS/NDVI 遥感数据、《中国土种志》、美国 NASA 网站数字高程数据、全国草原监测报告、国家发展和改革委员会价格监测中心、芝加哥气候交易所碳排放交易价格、市场调查以及相关研究数据。

2011 年以前的环境经济核算报告，环境污染实物量核算以环境统计为基础，核算全口径的主要污染物产生量、削减量和排放量。但 2011年以来，环境统计扩大了核算范围，开展了农业面源污染统计和交通源污染统计，因此，对环境经济核算报告中的环境污染实物量数据不再进行核算，与环境统计保持一致。这导致 2011 年和 2012 年核算实物量数据与以前数据在趋势和范围上有所变化，主要原因包括：

---

① 本研究报告仅核算我国大陆地区的环境经济状况，不包括港、澳、台地区。

(1) 2011 年前，交通源产生的 $NO_x$ 排放量数据基于《中国环境经济核算技术指南》（中国环境科学出版社，2009）中的核算方法得出，2011 年后，环境统计开始对交通源 $NO_x$ 排放量进行统计，但年报中 $NO_x$ 排放量数据较之前核算结果偏大，造成 2011 年以后 $NO_x$ 的实物量数据增幅较大。

(2) 2011 年之前，农业源的污染物实物量数据基于《中国环境经济核算技术指南》中的农业源污染物核算方法得出。现采用环境统计中农业源污染物排放量数据。

(3) 2011 年之前，在水污染物实物量核算中，核算了农村生活的各种水污染实物量数据，2011 年以后，农村生活的水污染实物量数据不再核算，水污染实物量数据与环境统计保持一致。

碳排放账户由能源消费量、IPCC 提供的碳排放因子与中国能源品种低位发热量数据核算获得；环境质量和环保投入账户采用国家环境统计和环境质量监测数据。

# 第2章

# 污染排放与碳排放账户

实物量核算账户的构建是环境经济核算的第一步。本章实物量核算账户主要包括水污染、大气污染、固体废物以及碳排放等 4 个子账户。2011 年废水排放量为 879.3 亿 t，较 2010 年增加了 0.7%，COD 排放量为 2 990.1 万 t，比 2010 年减少 1.0%；氨氮排放量为 253.9 万 t，比 2010 年增加 17.3%。2011 年 $SO_2$ 排放量为 2 588.8 万 t，比 2006 年减少 3.4%，工业烟粉尘排放量为 1 215.7 万 t，比 2006 年减少 55.1%。

## 2.1 水污染实物量

根据核算结果，2011 年，我国废水排放量为 879.3 亿 t，比 2010 年增加 0.7%；COD 排放量为 2 990.1 万 t，比 2010 年减少 1.0%；氨氮排放量为 253.9 万 t，比 2010 年增加 17.3%。从排放绩效的角度看，饮料制造业和农副食品加工业等排放大户的 COD 去除率低于全国平均水平，需加大对这些重点污染行业的监管。

### 2.1.1 水污染排放

（1）根据核算，我国废水排放量呈逐年增长趋势。废水排放量从 2006 年的 723.9 亿 t 上升到 2011 年的 879.3 亿 t，年均增长 4.3%（图 2-1）。

（2）2011 年工业和城镇生活 COD 排放量呈上升趋势。2011 年工业和城镇生活的 COD 排放量合计为 1 615.8 万 t，比 2006 年下降 1.3%。如果把农业 COD 排放量也计算在内，2011 年 COD 排放量达到 2 990.1 万 t（图 2-1）。

（3）农业源是 COD 排放量的主要来源。2011 年农业 COD 排放量占 COD 排放量的 47.84%。其次是生活源，其排放量所占比重约为 COD 排放总量的 37.86%，而工业源仅占 COD 排放总量的 14.31%。

与 2010 年相比,农业源的核算没有考虑流失率等问题,而是直接采用了环境统计中的数据,因此农业源的 COD 排放比重最大(图 2-2)。

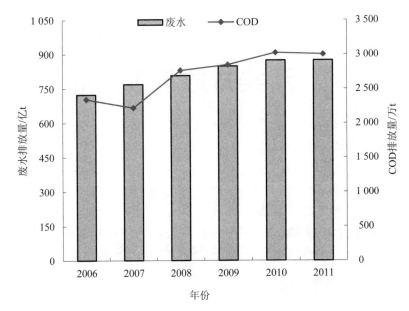

图 2-1  2006—2011 年核算废水和 COD 排放量

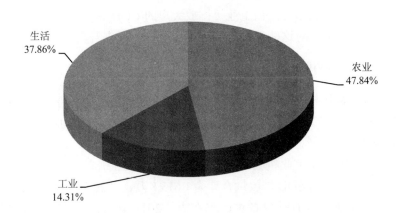

图 2-2  2011 年 COD 排放来源

### 2.1.2　水污染排放绩效

（1）工业行业 COD 去除率呈逐年上升趋势。工业行业 COD 平均去除率由 2006 年的 60.3% 上升到 2011 年的 70.8%。

（2）造纸、食品加工和纺织等排放大户 COD 去除率仍有较大提升空间。化学制造、造纸、饮料制造、食品加工以及纺织业是工业 COD 排放量大的行业，其 COD 排放量占总排放量的 76.3%。这 5 个行业的污染物去除率分别为 96.0%、88.0%、91.9%、77.8% 和 87.4%，食品加工和纺织业等排放大户 COD 去除率仍有较大上升空间（图 2-3）。

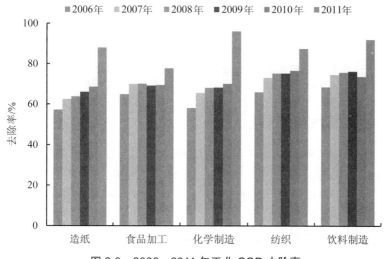

图 2-3　2006—2011 年工业 COD 去除率

（3）单位工业增加值的 COD 产生量和排放量都呈下降趋势。单位工业增加值的 COD 的产生量和排放量从 2006 年的 18.3 kg/万元和 7.3 kg/万元下降到 2011 年的 13.1 kg/万元和 3.8 kg/万元，工业废水与污染物的排放绩效显著提高。

从空间格局角度分析，湖北、广东、山东、四川和河南是我国 COD 排放量最大的前 5 个省份，其 COD 排放量占总排放量的 34.6%，COD 去除率分别为 74.0%、57.7%、72.8%、42.5% 和 74.6%，其中，广东和四川两省的 COD 去除率都低于全国平均水平 63.2%。COD 去除率较高的省份是北京和河北，都高于 75%；去除率低的省份包括西藏、贵州、甘肃、青海、湖南、四川和云南，其去除率都小于 45%，其中西藏仅有 6.2%（图 2-4）。

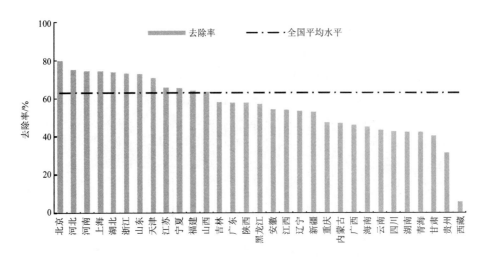

图 2-4　2011 年中国各省份 COD 去除率

## 2.2　大气污染实物量

"十二五"时期我国大气污染的减排压力较大。根据 2011 年核算结果，全国 $SO_2$ 排放量为 2 588.8 万 t，比 2006 年减少 3.4%。2011 年工业烟粉尘排放量为 1 215.7 万 t，比 2006 年减少 55.1%。由于工业脱氮工艺与设施的不足以及汽车拥有量的大幅增加，导致我国 $NO_x$ 排放量呈上升趋势。2011 年，我国 $NO_x$ 排放量为 3 070.3 万 t，比 2006 年增加 41.3%。

### 2.2.1　大气污染排放

（1）2011 年全国 $SO_2$ 排放量呈增加趋势。2011 年 $SO_2$ 排放量 2 217.1 万 t，比 2010 年增加了 6.04%，$SO_2$ 面临较大的减排压力。

由于工业脱硝工艺与设施的不足，同时我国汽车拥有量逐年增加，我国 $NO_x$ 排放量一直处于快速增长态势，2011 年由于脱硝工艺逐步上马，$NO_x$ 排放量达到 2 403.9 万 t，实现了多年连续增长后的首次下降。

（2）我国工业烟（粉）尘的排放量呈下降趋势。工业粉尘排放量从 2006 年的 2 705.6 万 t 下降到 2011 年的 1 215.7 万 t，降低了 55.1%（图 2-5）。

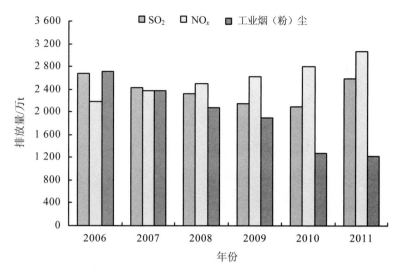

图 2-5　2006—2011 年 $SO_2$、$NO_x$ 和工业烟（粉）尘排放量

（3）$SO_2$ 排放主要来源于工业行业。2011 年，工业 $SO_2$ 排放量占总 $SO_2$ 排放量的 92.6%。其中，电力生产、有色冶金、黑色冶金、非金属制造、化学制造、石化等行业是工业 $SO_2$ 排放的主要行业，这六大行业的排放量之和占总排放量的 88.9%，其中，电力生产行业及有色金属冶炼和压延加工业是工业 $SO_2$ 排放的主要行业，分别占工业 $SO_2$ 总排放量的 43.9%和 12.3%（图 2-6）。

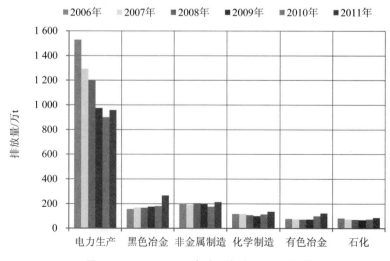

图 2-6　2006—2011 年主要行业 $SO_2$ 排放量

### 2.2.2 大气污染排放绩效

（1）工业 $SO_2$ 去除率略有下降。根据核算结果，2011 年我国工业 $SO_2$ 去除率为 60.3%，比 2010 年略有下降。

（2）六大主要污染行业中，电力行业和有色冶金行业 $SO_2$ 去除率高于全国平均水平。电力生产、有色冶金、黑色冶金、非金属制造、化学制造、石化等行业是大气污染物 $SO_2$ 主要排放源。电力行业和有色冶金行业 $SO_2$ 去除率高于全国平均水平。电力行业 $SO_2$ 排放量占工业行业总排放量的比例超过 40%，$SO_2$ 去除率仅为 68.8%，从提高工业 $SO_2$ 减排绩效的角度看，该行业应是"十二五"期间 $SO_2$ 减排的重点行业（图 2-7）。

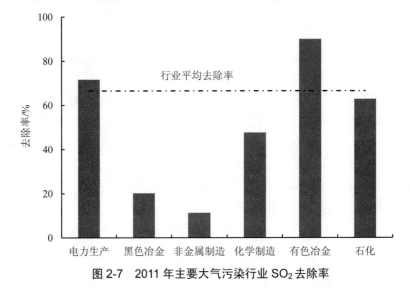

图 2-7　2011 年主要大气污染行业 $SO_2$ 去除率

（3）六大主要污染行业中，除非金属制造、电力生产行业外，其他行业的烟尘去除率都低于全国平均值。2011 年，我国工业行业的烟尘去除率为 98.6%。非金属制造、电力生产、黑色冶金、化学制造、石化和有色冶金等行业是我国烟尘排放量的主要行业，其排放量的比重为 82.0%。这些行业的烟尘去除率分别为 98.7%、99.5%、97.1%、95.9%、95.6% 和 97.8%（图 2-8）。

（4）我国工业行业 $NO_x$ 去除率仍然很低。2011 年去除率仅为 5.0%。电力生产、黑色冶金、非金属制造、化学制造、有色冶金等行业是 $NO_x$ 排放大户，其去除率都低于 10%，这些行业应是 $NO_x$ 的重点减排行业（图 2-9）。

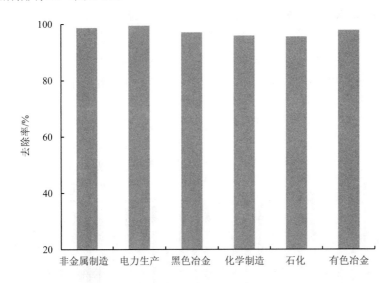

图 2-8　2011 年主要大气污染行业烟尘去除率

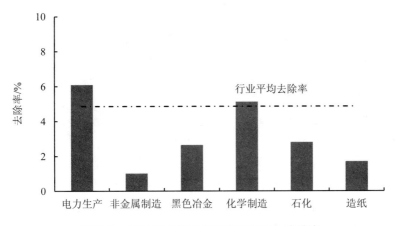

图 2-9　2011 年主要大气污染行业 NO$_x$ 去除率

（5）根据核算结果，我国 NO$_x$ 排放量已超过 SO$_2$ 排放量。2011
年我国 NO$_x$ 排放量为 3 070.3 万 t，超过 SO$_2$ 排放量 481.4 万 t，但 NO$_x$
的削减水平远低于 SO$_2$ 的削减水平。《国家环境保护"十二五"规划》
已把 NO$_x$ 纳入污染减排目标，"十二五"期间我国大气污染治理依然
面临严峻挑战。

（6）从空间格局角度分析。山东、内蒙古、河北、河南、山西是

我国 $SO_2$ 排放量最大的前 5 个省份，其 $SO_2$ 排放量占总排放量的 33.9%，$SO_2$ 去除率分别为 57.5%、54.9%、51.9%、49.8%和 49.4%。除山东、内蒙古外，其他 3 个省份的 $SO_2$ 去除率都低于全国平均水平（53.2%）。$SO_2$ 去除率较高的省份是西藏、北京、甘肃、安徽，去除率都高于 60%；去除率低的省份包括青海、黑龙江、吉林、四川、福建、陕西、贵州、陕西、河南和上海，其去除率都小于 50%，其中青海省只有 33.6%（图 2-10）。

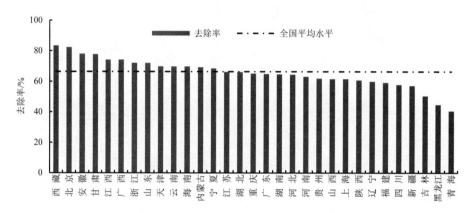

图 2-10　2011 年中国各省份 $SO_2$ 去除率

## 2.3　固体废物实物量

随着工业的发展以及城镇人口和生活水平的提高，我国固体废物产生量呈逐年增加趋势。2011 年，我国工业固体废物产生量为 32.3 亿 t，比 2010 年增加 34.9%。一般工业固体废物的综合利用量（含利用往年贮存量）、贮存量、处置量分别为 19.5 亿 t、7.0 亿 t、4.2 亿 t，分别占一般工业固体废物产生量的 60.4%、21.7%、13.0%。固体废物排放量为 1.6 亿 t。其中，一般工业固体废物的贮存量增速较快，是 2010 年的 21.6 倍。

（1）工业固体废物产生量呈逐年增加趋势。我国工业固体废物产生量由 2006 年的 15.2 亿 t 上升到 2011 年的 32.3 亿 t，增加了 112.5%。工业固体废物产生强度呈下降趋势，从 2006 年的 716.1 kg/万元下降到 2011 年的 625.6 kg/万元，物耗强度有所降低，生产环节的资源利用率得到有效提高。

（2）综合利用是工业固体废物最主要，也是增速最快的处理方式。

一般工业固体废物的综合利用量从 2006 年的 9.26 亿 t 增加到 2011 年的 19.5 亿 t，2011 年工业固体废物综合利用率为 63.6%，相比于 2006 年的 58.7%有所上升。危险废物的综合利用率由 2006 年的 47.6%上升到 2011 年的 50.5%，危险废物的循环利用程度不断提高。

（3）工业固体废物的排放量呈逐年下降趋势。一般工业固体废物排放量从 2006 年的 1 302.1 万 t 下降到 2011 年的 432.0 万 t，降低了 66.8%。一般工业固体废物排放强度呈下降趋势，单位 GDP 的工业固体废物排放强度从 2006 年的 6.2 kg/万元下降到 2011 年的 1.0 kg/万元（图 2-11），资源利用效率显著提升。自 2008 年我国危险废物实现了零排放。

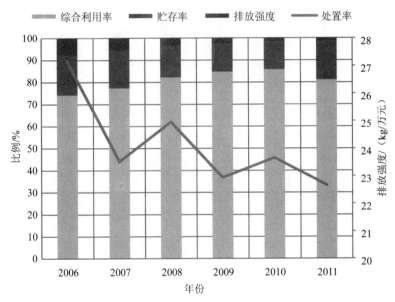

图 2-11　2006—2011 年一般工业固体废物不同处理方式比重和排放强度

煤炭采选、有色采选和黑色采选是工业固体废物排放的主要行业，其固体废物排放量占总排放量的 71.3%，是提高工业固体废物综合利用水平的关键。

（4）城镇生活垃圾产生量逐年上升。生活垃圾产生量由 2006 年的 1.9 亿 t 上升到 2011 年的 2.2 亿 t，年均增速为 3.0%，低于人口的年均增速。

（5）城镇生活垃圾的处理率提高，简易处理的比例下降显著。2006 年生活垃圾处理率为 58.2%，2011 年增加到 76.9%。其中，无害化处理率从 2006 年的 41.8%上升到 2011 年的 58.9%，简易处理率从 2006 年的 28.2%下降到 2011 年的 8.9%（图 2-12）。

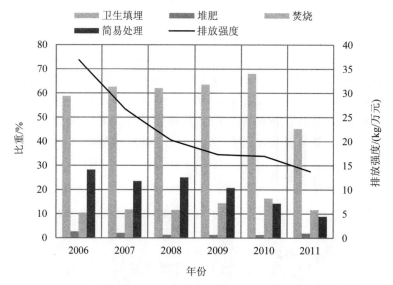

图 2-12    2006—2011 年生活垃圾不同处理方式的比重和排放强度

（6）卫生填埋是 2011 年我国生活垃圾的主要处理方式。卫生填埋占生活垃圾处理量的比重为 45.2%，是生活垃圾处理的主要方式。卫生填埋的有机物可能会发生厌氧分解，释放甲烷等温室气体；卫生填埋产生的渗滤液也有可能对地下水造成污染。加强生活垃圾卫生填埋场所的监测监管对于严防垃圾填埋对地下水的污染和温室气体排放有积极意义。

（7）城镇生活垃圾排放量年际变化明显，占总产生量比例约为 1/3。2006 年生活垃圾排放量为 7 859.2 万 t，2011 年下降到 7 175.5 万 t。人均生活垃圾排放量由 2006 年的 134.8 kg/人下降到 2011 年的 103.6 kg/人，人均生活垃圾排放量下降了 23.2%。

## 2.4  碳排放

### 2.4.1  全球碳排放

全球气候变化已成为不争的事实。IPCC 第四次评估报告明确指出，全球气温变暖有 90%的可能是人类活动排放温室气体形成增温效应导致的。自 20 世纪以来，世界碳排放量呈逐年增长趋势。根据欧盟 PBL NEAA 环境评估机构统计结果[1]，2011 年全世界 $CO_2$ 排放量为 340 亿 t，较 2010 年（330 亿 t）增加了 3%；较 2006 年（303 亿 t）增加了 12.2%（图 2-13）。

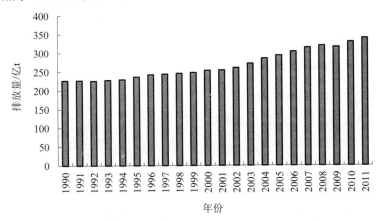

图 2-13　1990—2011 年世界 $CO_2$ 排放量

根据美国 CDIAC 机构 Tom 等研究报告[2]，2010 年世界碳排放排名前五位的国家依次为中国、美国、印度、俄罗斯和日本；德国、伊朗、韩国、加拿大和英国也是世界主要碳排放国家之一（图 2-14）。

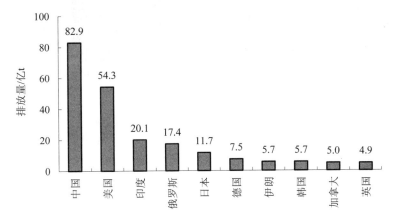

图 2-14　2010 年世界主要碳排放国家 $CO_2$ 排放量

---

① PBL Netherlands Environmental Assessment Agency. Trends in Global $CO_2$ Emission：2013 report.

② Tom and Bob Andres. Ranking of the world's countries by 2010 total $CO_2$ emission from fossil-fuel burning，cement production，and gas flaring. doi 10.333 4/CDIAC/00001_V2013.

我国作为经济中高速增长的发展中国家，其碳排放也在快速增加。根据核算结果，2011 年我国一次能源 $CO_2$ 排放量达 77.0 亿 t，比 2010 年增长了 10.3%，我国已成为世界最大的 $CO_2$ 排放国家。我国正处于工业化中期阶段，$CO_2$ 排放量在一段时间内可能仍将呈增加趋势，$CO_2$ 减排任务仍然十分艰巨。

### 2.4.2 全国碳排放

由于对化石能源的巨大需求，我国的碳排放增长迅速。相对于 2006 年，2011 年增加了 24.8%（图 2-15）。

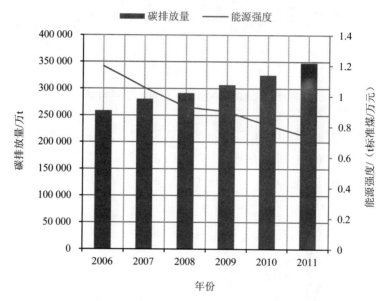

图 2-15　2006—2011 年全国碳排放和能源强度

（1）我国能源强度总体呈下降趋势。万元 GDP 能源强度从 2006 年的 1.20 t 下降到 2011 年的 0.74 t，能耗强度降低了 38.3%。

我国的碳排放主要分布在黑色冶金、化学制造、非金属制造、电力生产和有色冶金等工业行业。2011 年工业行业终端能源利用的排放量占全部终端能源排放量的 82.5%，其中以黑色冶金、化学制造、非金属制造、电力生产和有色冶金排放最多，占整个工业排放的 48.2%（图 2-16）。

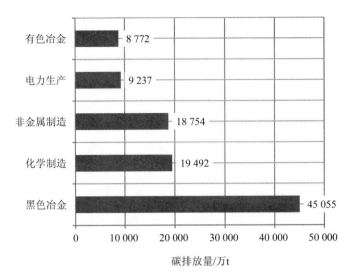

图 2-16 2011 年主要碳排放行业的碳排放量

（2）工业仍是我国控制碳排放增长的重点领域。2011 年，农业、建筑业和批发零售业的碳排放较少，占全部终端能源碳排放的 5.5% 左右，较 2010 年比重有所下降；生活能源消费的排放占 11.0%；交通运输占 7.7%。

### 2.4.3 各省碳排放

2011 年，我国终端能源消费的碳排放（以 C 计）达到 21 亿 t，相当于 77.0 亿 $tCO_2$，碳排放的区域分布差异很大。山东省、河北省、江苏省、河南省、广东省、辽宁省、内蒙古自治区、浙江省以及山西省的碳排放量较大，合计约 11.8 亿 t，占全部碳排放的 56.2%。其中以山东省的碳排放量最大，达到 1.97 亿 t，占总排放量的 9.4%；海南省的碳排放最少，为 851.5 万 t（图 2-17）。

与 2010 年相比，2011 年我国碳排放增加了 10.3%。所有省份的碳排放呈增加趋势，四川、北京、上海增速低于 2%；安徽、山东、陕西、浙江、广东增速在 2%～8%；其他各省碳排放增长明显，青海碳排放增速高达 28.7%。

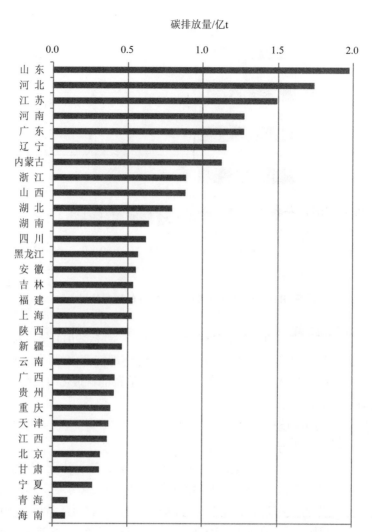

图 2-17　2011 年 30 个省份的碳排放量

# 第3章
# 环境质量账户

2006—2011 年我国环境质量有所改善，总体趋于好转，但部分指标仍有所波动。2011 年全国地表水水质持续好转，全国湖泊污染有所改善，近岸海域水质保持稳定。2011 年，重点城市环境空气质量显著改善，环境保护重点城市总体平均的二氧化硫和可吸入颗粒物浓度与上年相比略有下降，二氧化氮年均浓度与上年持平。

## 3.1 环境质量

从能够基本反映我国环境质量状况、具有比较连续监测数据的环境指标中选取具有代表性的指标，建立环境质量账户，除直接反映环境质量指标外，还反映治理水平，从治理层面体现环境质量变动原因。表 3-1 为我国的环境质量变化趋势，数据反映我国近年来环境质量有所改善，总体趋于好转，但部分指标仍有所波动。

表 3-1　环境质量账户变化趋势　　　　　　　　单位：%

| | 指标 | 1998 年 | 2006 年 | 2007 年 | 2008 年 | 2009 年 | 2010 年 | 2011 年 |
|---|---|---|---|---|---|---|---|---|
| 水环境 | 全国地表水监测断面劣Ⅴ类的比例 | 37.7 | 26.0 | 23.6 | 20.8 | 20.6 | 16.4 | 13.7 |
| | 近岸海域水质监测点位劣四类的比例 | 31.5 | 17.0 | 18.3 | 12.0 | 14.4 | 18.5 | 16.9 |
| | 工业废水 COD 去除率 | 48.3 | 60.3 | 66.2 | 68.8 | 75.0 | 79.8 | 90.6 |
| | 城镇污水处理率 | 29.6 | 55.7 | 62.9 | 70.3 | 63.3 | 72.9 | 83.6 |
| 大气环境 | 优于二级以上城市的比例 | 27.6 | 56.6 | 69.8 | 76.8 | 79.2 | 82.8 | 89.0 |

21

| 指标 | | 1998 年 | 2006 年 | 2007 年 | 2008 年 | 2009 年 | 2010 年 | 2011 年 |
|---|---|---|---|---|---|---|---|---|
| 大气环境 | 工业废气二氧化硫（SO₂）去除率 | 18.1[1] | 37.4[2] | 44.1[2] | 53.4[2] | 60.6 | 64.4 | 67.7 |
| | 工业废气氮氧化物（NOₓ）去除率 [2] | — | 2.0 | 6.52 | 5.44 | 5.0 | 4.8 | 4.9 |
| 固体废物 | 工业固体废物综合利用率 [2] | 41.7 | 60.9 | 62.8 | 64.3 | 67.8 | 67.1 | 62.0 |
| | 城镇生活垃圾无害化处理率 | 60.0 | 41.8 | 49.1 | 51.9 | 54.7 | 57.3 | 79.8 |
| 声环境 | 区域声环境质量高于较好水平城市占省控以上城市比例 | — | 68.8 | 72.0 | 71.7 | 76.1 | 73.7 | 77.9 |

注：1）1999 年数据；2）中国环境经济核算结果。

数据来源：中国环境统计年报、中国环境状况公报和中国城市建设统计年鉴。

## 3.2 水环境

### 3.2.1 地表水水质

（1）全国地表水水质持续好转。2011 年，地表水总体为轻度污染，在 469 个地表水国控监测断面中，劣Ⅴ类水质断面比例为 13.7%，主要污染指标为化学需氧量、五日生化需氧量和总磷。Ⅰ～Ⅲ类水质断面比例占 61.0%，较 2010 年提高了 1 个百分点，较 2006 年提高了 21 个百分点；劣Ⅴ类水质断面比例较 2006 年下降了 14 个百分点（图 3-1）。

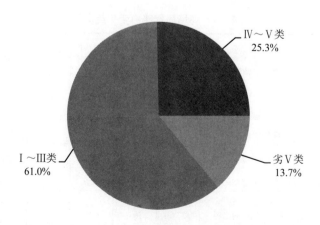

Ⅳ～Ⅴ类
25.3%

劣Ⅴ类
13.7%

Ⅰ～Ⅲ类
61.0%

图 3-1　2011 年地表水不同水质比例

　　值得注意的是，部分国控断面出现重金属超标现象，西南诸河、海河、长江、黄河等水系共有 40 个断面出现铅、汞等重金属超标现象（图 3-2）。

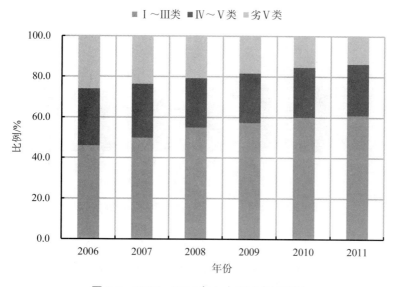

图 3-2　2006—2011 年七大江河水质状况

　　（2）2011 年我国湖泊污染有所改善。我国湖泊（水库）中劣 V 类比重由 2010 年的 42.1% 下降到 2011 年的 7.7%。Ⅰ～Ⅱ 类比重由 1.3% 上升到 19.2%。2011 年，在 26 个国控重点湖泊中，中营养状态、轻度富营养状态和中度富营养状态的湖泊（水库）比例分别为 46.2%、46.1% 和 7.7%。其中，达赉湖和滇池的湖体为中度富营养化状态（图 3-3）。

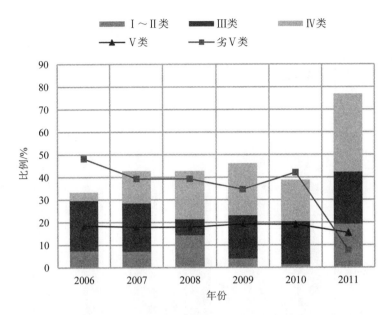

图 3-3　2006—2011 年湖泊（水库）水质状况

2005 年以来，滇池、鄱阳湖、洞庭湖总氮年均质量浓度有所上升，太湖有所下降，其余湖库变化不大；洪泽湖总磷年均质量浓度有所上升，巢湖有所下降，其余湖库变化不大；滇池、鄱阳湖富营养状态指数有所上升，太湖、巢湖有所下降，其余湖库变化不大。

### 3.2.2　近海海域水质

2011 年，全国近岸海域水质基本稳定，水质级别为一般。一、二类海水比例为 62.8%，较 2010 年增加 0.1 个百分点，水质基本稳定。三类海水比例为 12.0%，四类和劣四类海水比例为 25.2%，主要污染指标为无机氮和活性磷酸盐（图 3-4）。

9 个重要海湾中，黄河口和北部湾水质良好，胶州湾和辽东湾水质差，渤海湾、长江口、杭州湾、闽江口和珠江口水质极差。

11 个沿海省份中，海南水质优，一类海水比例高达 86.2%，二类海水比例为 13.8%，较上年下降了 9.3 个百分点，无三类及以下海水；河北、山东、江苏、广西水质良好，一、二类海水比例超过 80%。

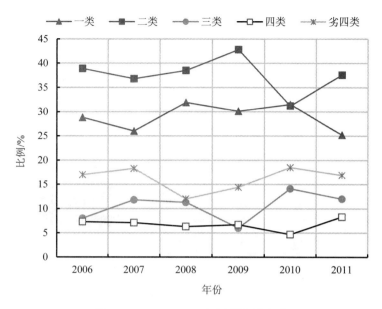

图 3-4　2006—2011 年近岸海域水质

### 3.2.3　经济发展与水资源短缺

我国水环境质量不容乐观，水质改善缓慢，究其原因，主要在于以下几个方面：

（1）10 多年来，水资源总量基本维持平衡，但是随着人口和经济发展压力的日趋加剧，总用水量呈现增长态势，水资源开发利用率也波动增长。

（2）水资源开发利用率提高。2006 年以来，用水总量增长幅度逐步趋缓，水资源开发利用率基本保持在 20%上下波动，2011年水资源开发利用率为 26.3%，较 2010 年增长了 6.8 个百分点（图 3-5）。

（3）我国农业化肥施用量节节攀升，而耕地面积日渐减少，单位耕地面积化肥施用量逐年增加，到 2011 年年末达到 470 kg/hm²，超过了国际化肥使用上限 225 kg/hm²（图 3-6）。包括化肥在内的农业面源污染对我国本已严峻的地表水质环境形成了严重的挑战。

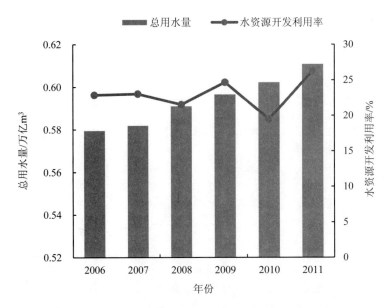

图 3-5　2006—2011 年全国总用水量和水资源开发利用率

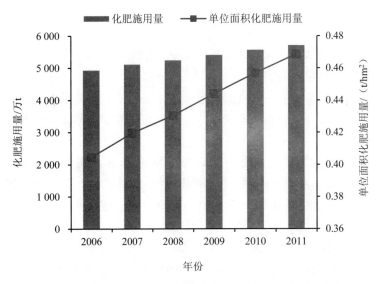

图 3-6　2006—2011 年化肥施用量和单位面积化肥施用量

（4）重污染行业 COD 去除率低，工业废水污染治理效率低下。
化学制造、造纸、饮料制造及农副食品加工业是工业 COD 排放的 4
个主要行业，其 COD 排放量占总排放量的 71.5%。4 个行业中，COD

去除率最高的为造纸业，达 77.9%；农副食品加工行业废水 COD 去除率最低，仅为 51.3%（图 3-7）。

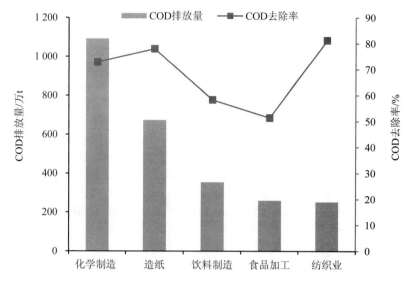

图 3-7  主要废水排放行业 COD 排放量后去除率

（5）城镇污水处理能力显著提高。截至 2011 年年底，全国城镇累计建成污水处理厂由 2006 年的 939 座增加到 3 974 座；总处理能力从 2006 年的 0.64 亿 m³/d 上升至 1.40 亿 m³/d，日处理能力提高了 1.2 倍。

各省城市污水二、三级处理所占比例均超过 60%，海南、湖南、江西、浙江等省份二、三级处理比例高达 100%（图 3-8）。

城镇污水处理依旧显露出诸多问题：

➤ 区域发展不平衡导致西部地区污水处理能力不足，给日趋恶化的水环境形成不小的压力。

➤ 局部地区污水收集管网难以配套，掣肘污水处理厂运转效率的提高。

➤ 监管制度、管理水平、规划设计等人为缺陷的短板效应。

➤ 目前城市污染处理设施的正常运转率以及很多城市的污水管网铺设情况还不尽如人意。

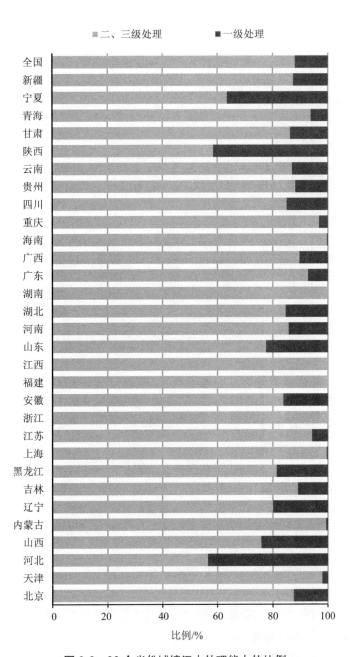

图 3-8　30 个省份城镇污水处理能力的比例

## 3.3 大气环境

（1）重点城市环境空气质量显著改善。主要污染物浓度稳中有降，达标城市比例呈攀升态势，劣三级空气质量城市由 21 世纪初的 9.1% 强缩减到 2011 年的 1.2%（图 3-9）。

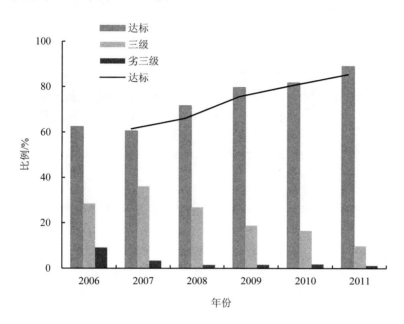

图 3-9  2006—2011 年不同级别空气质量城市的比例变化情况

（2）2011 年，全国城市空气质量总体稳定。在全国开展的环境空气质量城市监测中，3.1%的城市达到一级标准，85.9%的城市达到二级标准，9.8%的城市达到三级标准，1.2%的城市劣于三级标准。

（3）2011 年，环境保护重点城市总体平均二氧化硫和可吸入颗粒物质量浓度与 2010 年相比略有下降，二氧化氮年均质量浓度与 2010 年持平。2011 年在 113 个环保重点城市中，环境空气质量达标城市比例为 84.1%，与 2010 年相比，达标城市比例提高 10.6 个百分点。

（4）与人体健康关系较大的指标 $PM_{10}$ 年均质量浓度距离世界卫生组织推荐的健康阈值 0.015 mg/m$^3$ 差距明显。2011 年，经人口加权后的 $PM_{10}$ 年均质量浓度与之前几年基本持平，居高不下，全国 $PM_{10}$ 仅 4.3%左右城市达到一级标准（图 3-10）。

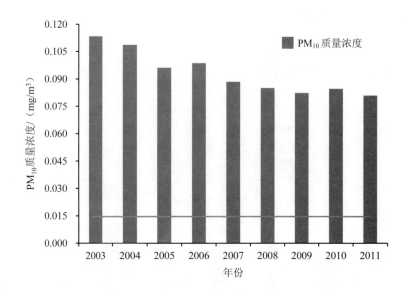

图 3-10 2003—2011 年经人口加权的全国平均城市 $PM_{10}$ 质量浓度

（5）我国大气环境质量呈现自南向北逐步趋差的空间格局。2011年，我国南方地区城市 $PM_{10}$ 平均质量浓度为 0.069 $mg/m^3$，北方地区城市 $PM_{10}$ 平均质量浓度为 0.086 $mg/m^3$，我国南方地区空气质量优于北方地区，与 2010 年相比，2011 年我国南北方的空气质量差距呈拉大趋势。$PM_{10}$ 达到国家二级标准的城市数量比重南方地区高于北方地区。在 2011 年未达标城市中，62%的未达标城市位于我国北方地区。北方 $PM_{10}$ 质量浓度大于 0.07 $mg/m^3$ 的城市占监测城市的比重为76%，南方为 47%（图 3-11，图 3-12）。

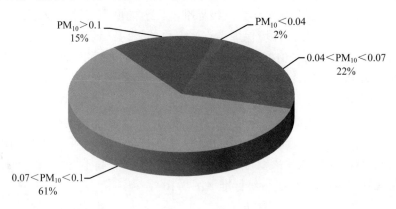

图 3-11  2011 年我国北方不同 $PM_{10}$ 质量浓度比例

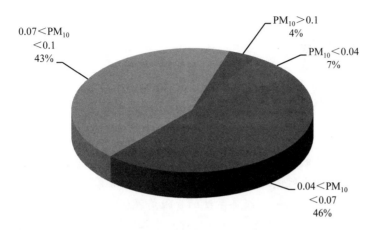

图 3-12  2011 年我国南方不同 $PM_{10}$ 质量浓度比例

# 第4章

# 物质流核算账户

经济系统的物质流核算分析（EW-MFA），是一个在国家层面对经济系统的物质代谢过程进行系统全面实物量核算的体系工具，其基本内容是定量刻画一个经济系统的资源能源输入与废物产生/排放的状态。为转变长期以来经济增长的粗放型模式，我国实施了发展循环经济的重大战略。"十二五"社会经济发展规划，首次列入了资源产出率指标。本报告在 EW-MFA 的基础上形成 Chinese Economy-Wide Material Flow Analysis（CEW-MFA）核算框架，对中国 2010—2011 年物质消耗量、物质循环量和资源产出率等指标进行了核算。

## 4.1　研究背景

经济系统与环境通过物质流动联系起来，经济系统从环境中攫取水、能源、矿物质和生物质等资源，经过生产和消费过程转换之后向环境排放各种污染物。传统的价值指标无法完全揭示经济系统与环境的相互关系以及经济发展对环境产生的影响。而经济系统的物质流核算分析（Economic Wide-Material Flow Analysis，EW-MFA），是一个在国家层面对经济系统的物质代谢过程进行系统全面实物量核算的体系工具，可以定量刻画一个经济系统的资源能源输入与废物产生/排放的状态。

经济系统物质流分析起源于社会代谢论和工业代谢论。20 世纪 90 年代开始，奥地利和日本分别完成了国家层次整体的 MFA 核算报告，此后物质流分析就形成一个快速发展的科学研究领域，而很多学者集中研究如何统一不同的物质流分析方法。欧盟于 2001 年出台了标准化的 EW-MFA 编制方法导则，为物质流分析方法提供了第一个国际性的官方指导文件，并于 2009 年和 2011 年推出了新的修订，使得 EW-MFA 得到了规范和延续，核算结果也具有国际和区域可比性。2008 年，OECD 工作组在 2001 年欧盟导则的基础之上发布了核算资源生产率的框架，目的也在于推动物质流分析的标准化。国际上此类工作的开展为我国的 EW-MFA 工作的推进提供了重要参考。

本报告在 EW-MFA 的基础上形成中国经济系统物质流（CEW-MFA）核算框架，对我国 2000—2011 年物质消耗量、物质循环量和资源产出率等指标进行了核算。其中，2011 年全国 EW-MFA 核算框架指标包括直接流指标——全国尺度的本地采掘、进出口货运量、本地处置后排放；衍生流指标——本地物质消耗、本地物质投入、本地物质输出等。具体指标解释参见表 4-1。

表 4-1　全国物质流核算主要指标解释

| 本地采掘（DEU） | 本地采掘指的是从本经济系统资源环境采集挖掘，进入本经济系统用作生产和消费的所有液态、固态和气态资源（由于水开采量的数量级比其他本地开采的流量大，核算时不计入）。本地采掘分为四类：生物质、金属矿石、非金属矿石和化石燃料 |
| --- | --- |
| 进口（IM） | 进口指的是通过本经济系统海关口岸进入本经济系统的所有商品。进口商品包括原材料、半制成品和制成品 |
| 出口（EX） | 出口指的是通过本经济系统海关口岸流出本经济系统的所有商品。出口商品包括原材料、半制成品和制成品 |
| 本地物质投入（DMI）计算公式：DMI =DEU+IM | 本地物质投入衡量的是经济系统生产消费活动所需的直接物质供给量。它包括本地采掘、进口和调入三部分，故其表征的是本地经济系统对广义资源环境（全球资源环境）产生的压力。但由于进口及调入量是商品形式，包含半成品及最终成品，对本地环境与进口、调入所属地区资源环境的压力的描述是不对等的，且不包括本地未使用采掘 |
| 本地物质消耗（DMC）计算公式：DMC=DMI−EX | 本地物质消耗衡量的是经济系统的物质使用量，计量的是经济系统直接使用的总物质量（不包含非直接流）。本地物质消耗与能源消耗量等其他物理消耗指标的定义方法类似，可简单归结为输入减去出口 |
| 物质贸易平衡（PTB）计算公式：PTB=IM−EX | 物质贸易平衡由进口和调入减去出口和调出得到，可反映经济系统物质贸易的顺差和逆差，顺差表明本经济系统资源输出大于外部资源输入，逆差表明本经济系统资源输出小于外部资源输入。但由于进出口及调入、调出量是商品形式，包含半成品及最终成品，在平衡过程中会存在不对等性 |

专栏 4.1　物质流核算数据来源

　　核算的所有数据均来自国务院各部委的统计年鉴，主要包括《中国统计年鉴》《中国农村统计年鉴》《中国矿业年鉴》《中国能源统计年鉴》《中国口岸年鉴》《中国环境统计年鉴》《中国环境统计年报》等。

## 4.2　核算结果

CEW-MFA 在遵循 EW-MFA 基本物质平衡理论和系统边界定义

的基础上，从物质循环、固体废物以及物质流衍生指标 3 个主要方面，进行了细分和补充拓展。在保证测算结果具有国际可比性的前提下，针对我国现阶段的重点领域、重点物质进行物质细分，力求贴近我国资源效率管理的实际需求。

2011 年，我国国家尺度 EW-MFA 共分解为本地采掘（DEU）、进口（IM）、出口（EX）3 张表。

研究报告选取我国"十五""十一五"期间的高速发展阶段作为研究时段，着重分析 2000—2011 年我国物质流的主要变化特征，见表 4-2。

表 4-2  2000—2011 年主要物质流指标测算结果　　　　单位：Mt

| 年份 | 本地采掘（DEU） | 进口（IM） | 物质贸易平衡（PTB） | 出口（EX） | 本地物质投入（DMI） | 本地物质消耗（DMC） |
|---|---|---|---|---|---|---|
| 2000 | 5 582 | 312 | 85 | 227 | 5 895 | 5 668 |
| 2001 | 5 825 | 347 | 77 | 270 | 6 173 | 5 903 |
| 2002 | 6 166 | 414 | −685 | 1 099 | 6 581 | 6 166 |
| 2003 | 6 657 | 665 | −530 | 1 195 | 7 181 | 6 657 |
| 2004 | 6 625 | 658 | −688 | 1 346 | 7 284 | 6 625 |
| 2005 | 6 919 | 691 | −544 | 1 235 | 7 672 | 6 919 |
| 2006 | 7 403 | 848 | −310 | 1 158 | 8 251 | 7 093 |
| 2007 | 9 157 | 964 | −506 | 1 470 | 10 121 | 8 651 |
| 2008 | 9 812 | 1 035 | −216 | 1 251 | 10 847 | 9 596 |
| 2009 | 10 009 | 1 412 | 566 | 1 129 | 11 421 | 10 292 |
| 2010 | 10 333 | 1 576 | 382 | 1 195 | 11 909 | 10 714 |
| 2011 | 12 136 | 1 864 | 411 | 1 453 | 14 000 | 12 547 |

2011 年全国物质投入和物质消耗再创新高，本地采掘和进口物质量的加总已经达到 140 亿 t，比 2003 年的物质投入高出近一倍。根据核算结果，2011 年基本所有本地采掘指标的数值都比 2010 年有所增长，我国经济增长仍高度依赖自然资源的投入。

结合 CEW-MFA 主要指标和各年度社会经济数据，得到相应循环经济指标。并通过综合 2000 年之前其他数据，按照各研究的数据口径，筛选结果中本地物质消耗并折算为国家试行资源产出率概念下的调整后的物质消耗（ADMC）。

GDP 与本地采掘、本地物质投入以及本地物质消耗暂无解耦迹象，基本稳定在一个水平。2000 年本地采掘的 GDP 产出是 2 605 元/t，

2011 年是 3 013 元/t，增长 15.7%；2000 年本地物质投入的 GDP 产出是 1 683 元/t，2011 年本地物质投入的 GDP 产出是 2 612 元/t，增长 55.2%（图 4-1）。

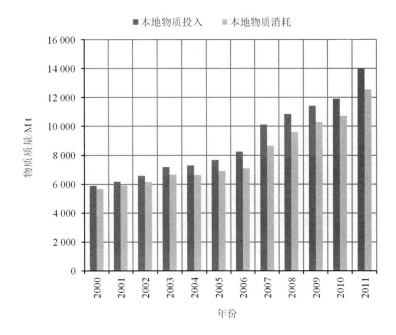

图 4-1　2000—2011 年本地物质投入和本地物质消耗走势

　　"十一五"期间，我国本地物质投入的 GDP 产出大体在 2 100～2 300 元/t 的水平上，发达国家 2000 年的资源产出率都已经高于我国现在的 1 倍以上，我国经济增长的资源产出率整体较低（图 4-2）。

　　"十一五"以来，本地采掘、本地物质投入和本地物质消耗增加趋势加快。2000 年我国人均本地采掘为 4.4 t/人，本地物质投入为 4.7 t/人，本地物质消耗为 4.5 t/人，"十五"期间，这三项指标呈现相对低速的增加，"十一五"以来，这三项指标的增速相对较快，其中，本地采掘由 5.6 t/人增加到 7.7 t/人，本地物质投入由 6.3 t/人增加到 8.9 t/人，本地消耗由 5.4 t/人增加到 7.9 t/人，2011 年这三项指标分别为 9 t/人，9.7 t/人，9.3 t/人（图 4-3）。本地物质投入出现了较大增长趋势，说明我国对外部资源的依赖程度在不断增加。

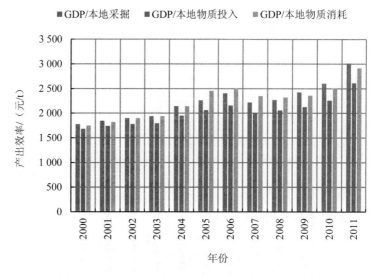

图 4-2 2000—2011 年部分全国资源产出效率指标

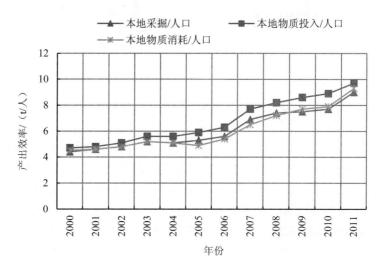

图 4-3 2000—2011 年部分全国资源产出效率指标

# 第 5 章

# 环境保护支出账户

环境保护支出包括工业污染源治理、城市环境建设直接相关的用于形成固定资产的资金投入、治理设施运行费用以及各级政府环境管理方面的支出。其中，各级政府环境管理方面的支出的数据获取困难，本报告的环保支出只包括环境污染治理投资、环境保护运行及相关税费两部分。根据目前环境保护投资的统计口径，环境保护投资主要包括 3 个方面：①城市环境基础设施建设投资；②工业污染源治理投资；③建设项目"三同时"环境保护投资。环境保护运行及相关税费是指进行环境保护活动或维持污染治理运行所发生的经常性费用，包括设备折旧、能源消耗、设备维修、人员工资、管理费、药剂费及设施运行有关的其他费用，以及企业交纳的环境保护税费。

## 5.1 环境保护支出

2011 年环境保护资金共计支出 11 773.6 亿元，GDP 环保支出指数为 2.5%。其中，环境污染治理投资为 6 026.2 亿元，占环境保护支出总资金的 51.2%；环境保护运行费用为 4 961.6 亿元，占环境保护支出总资金的 42.1%。

在 2011 年的环境保护运行及相关税费中，环境保护税费为 785.8 亿元，占总运行及相关税费的 13.7%。

因生产活动而支出的污染治理设施运行费用，即内部环境保护支出为 3 515.6 亿元，是城市污水处理、垃圾处理和废气及其他处理等外部环境保护活动的 2.4 倍。内部环境保护总支出中超过 3/5 的支出用于第二产业环境保护设施运行维护。

表 5-1　2011 年按活动主体分的环境保护支出核算　　　　单位：亿元

| 核算对象 | | 外部环境保护 | | | | 内部环境保护 | | | | 合计 |
|---|---|---|---|---|---|---|---|---|---|---|
| | | 城市污水处理 | 城市垃圾处理 | 废气及其他 | 小计 | 第一产业 | 第二产业 | 第三产业 | 小计 | |
| 运行及相关税费 | 运行费用 | 307.2 | 147.8 | 991.0 | 1 446 | 193.3 | 2 179.4 | 1 142.9 | 3 515.6 | 4 961.6 |
| | 资源税 | 595.9 | | | | | | | | 595.9 |
| | 排污费 | 189.9 | | | | | | | | 189.9 |
| 环境污染治理投资 | | 3 469.4 | | | | 2 556.8 | | | | 6 026.2 |
| 环境保护支出总计 | | 11 773.6 | | | | | | | | |

注：1）按活动主体分的中间消耗和工资等运行费的数据根据核算得到；
　　2）资源税和排污费数据仅列出合计数据；
　　3）外部环境保护的投资性支出为环境统计年报中的城市环境基础设施建设投资，内部环境保护的投资性支出为环境统计年报中的工业污染源治理投资和建设项目"三同时"环保投资之和。

## 5.2　环境污染治理投资

（1）改革开放以来，环保投资绝对量逐年增加。"七五""八五""九五"期间全国环保投资总额不断攀升，从最初的 476.4 亿元增加到 3 516.4 亿元。1999 年环保投资占同期 GDP 比例首次突破 1.0%，"十五"期间环境保护投资达到了 8 399.1 亿元，占同期 GDP 的比例为 1.31%。2006—2010 年，环保共投资 21 622.42 亿元，超过了"十一五"预期投资。其中，2010 年环境污染治理投资总额达 6 654.2 亿元，占同期国内生产总值的 1.67%。

（2）"十二五"环境保护投资规划需求预期超过 3.4 万亿元。根据《国家环境保护"十二五"规划》，全国"十二五"期间环保投资预期超过 3.4 万亿元，预期拉动 GDP 达 4.34 万亿元。按照年均 15% 增长速度，到 2015 年我国环保产业产值将达到 2.2 万亿元。

2011 年工业污染源治理投资额较 2010 年增加了 11.9 个百分点，建设项目"三同时"环保投资增加了 3.9%；环境污染治理投资整体放缓，投资总额较 2010 年回落了 9.4 个百分点。

（3）随着环境污染治理投入的增长，环境污染治理能力不断提高。废水治理设施处理能力从 2006 年的 19 553 万 t/d 增加到 2011 年的 31 406 万 t/d，增加了 60.6%。废气治理设施处理能力从 2006 年的 80.1 亿 $m^3$/h 增加到 2011 年的 156.9 亿 $m^3$/h，增加了 95.9%（图 5-1）。

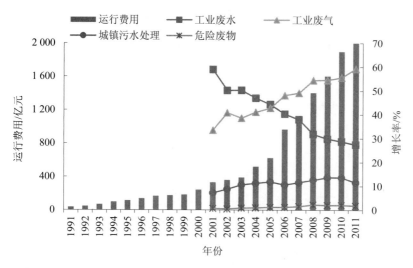

图 5-1　1991—2011 年我国工业废水、废气治理设施和城市污水处理设施
运行费用和处理能力增长率

（4）环境污染治理成本逐年递增。根据核算结果，2011 年环境
污染实际治理成本共计 4 990.1 亿元，较 2010 年增长了 27.4 个百分
点，是 2006 年实际治理成本的 2.8 倍，年均增速达 22.8%。其中，废
水治理投入为 1 240.7 亿元、废气治理投入为 3 148.4 亿元、固体废物
治理投入为 601.0 亿元，废水治理投入明显低于废气治理投入。畜禽
养殖、农村生活的污染物实际治理成本分别为 193.3 亿元和 8.1 亿元；
工业固体废物污染治理实际成本为 453.2 亿元。

（5）环境保护投资占 GDP 的比重仍然较低。世界银行的研究显
示，只有一个国家的环境治理投资占 GDP 的比重达到 1.5%～2%，环
境污染才有可能得到有效治理，而当其环境治理投资比重达到 2%～
3%，其环境质量才能得到改善。发达国家在进行环境污染治理时，
其环境污染治理投资占 GDP 的比重基本在 1.5%～2%。如 1995 年德
国的环境污染治理投资占 GDP 的比重就达到 2%，自 1990 年起，日
本环境治理投资占 GDP 的比重就在 1.5%～2%。2010 年，我国环
境保护投资占 GDP 的比重首次超过了 1.5%，但 2011 年该值再次
回落到 1.5% 以下，我国环境污染治理投资占 GDP 的比重仍待提升
（图 5-2）。

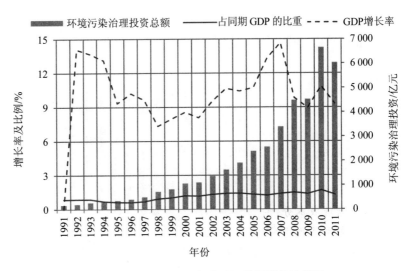

图 5-2    1991—2011 年中国环境保护投资状况

# 第 6 章

# GDP 污染扣减指数核算账户

污染治理成本分为实际污染治理成本和虚拟污染治理成本。污染实际治理成本是指目前已经发生的治理成本，实际治理成本核算在理论上比较简单，为污染物处理实物量与污染物单位治理成本的乘积。虚拟治理成本是指将目前排放至环境中的污染物全部处理所需要的成本，计算方法与实际治理成本相同，利用实物量核算得到的排放数据与污染物单位治理成本的乘积计算。2011 年，我国虚拟治理成本为 8 692.5 亿元，增速低于实际治理成本的增速。但虚拟治理成本绝对量仍然大于实际治理成本，说明污染治理缺口仍较大。

## 6.1  治理成本核算

我国环境污染实际治理成本从2006年的1 830.4亿元上升到2011年的 4 990.1 亿元，增加了 1.7 倍，从一定程度上说明我国环境污染治理成效显著。2011 年，我国虚拟治理成本为 8 692.5 亿元，相对 2006年增加了 114%，增速小于实际治理成本。但虚拟治理成本绝对量仍然大于实际治理成本，说明污染治理缺口仍较大。

### 6.1.1  水污染治理缺口较大

2011 年我国废水虚拟治理成本为 3 915.3 亿元，是实际治理成本的 3.2 倍。废气虚拟治理成本为 4 451.6 亿元，是实际治理成本的 1.4 倍。固体废物的虚拟治理成本为325.6 亿元，是实际治理成本的一半（图 6-1）。

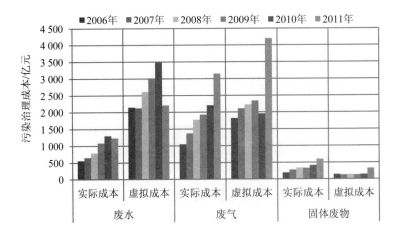

图 6-1　2006—2011 年废水、废气和固体废物污染治理成本

（1）固体废物污染实际治理成本已超过虚拟治理成本。固体废物污染的实际治理成本从 2006 年的 195.1 亿元上升到 2011 年的 601.0 亿元，增加了 2.1 倍，我国固体废物污染治理初见成效。

（2）我国水污染治理缺口相对较大。2011 年，废水的实际治理成本为 1 240.7 亿元，相对虚拟治理成本还有 68.3% 的治理缺口，废水治理投入严重不足。

在水污染的主要排放行业中，除石化行业的实际治理成本大于虚拟治理成本外，其他行业实际治理成本都小于虚拟治理成本。造纸行业污染治理投资增加，实际治理成本所占比例较 2010 年增加了 15 个百分点。

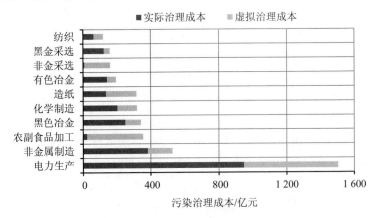

图 6-2　2011 年主要污染行业的污染治理成本

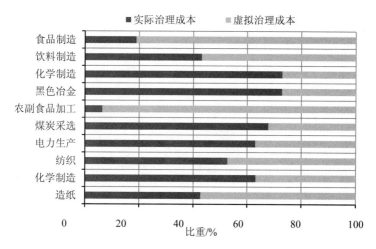

图 6-3　2011 年主要水污染行业实际治理成本和虚拟治理成本比重比较

## 6.1.2　行业治理成本分析

（1）第一产业、第三产业及生活合计的污染治理缺口较大。2011年，第一产业、第二产业及第三产业和生活的合计污染治理成本分别为 747.9 亿元、6 903.9 亿元、6 030.9 亿元。其中，第一产业、第二产业、第三产业及生活的虚拟治理成本分别为 546.4 亿元、4 016.0亿元、4 130.1 亿元，分别是其实际治理成本的 2.7 倍、1.4 倍、2.2倍（图 6-4）。

（2）我国环境污染治理重点主要集聚在电力生产、农副食品加工、化学制造、造纸、食品制造、黑色冶金等 10 个行业。2011 年，这 10个行业的污染治理成本占总治理成本的比重为 74.2%。

（3）农副食品加工行业污染物治理缺口最大。该行业虚拟治理成本是实际治理成本的 31.2 倍。加大农副食品加工行业污染治理投入迫在眉睫。

（4）电力生产行业是污染治理成本最高的行业。2011 年，电力生产行业的实际治理成本为 957 亿元，比 2010 年增加 41%，虚拟治理成本为 779.2 亿元，比 2010 年增加 26.6%。电力生产行业实际治理成本远高于其他行业。电力生产行业的脱硫能力近年大幅提高，但由于氮氧化物的治理水平仍然较低，其虚拟治理成本仍然处于高位。

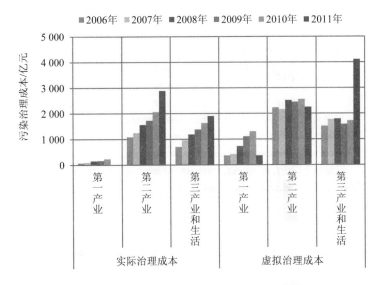

图 6-4　2006—2011 年不同产业的污染治理成本

（5）农副食品加工、食品制造和饮料制造是污染治理欠账最多的行业。这 3 个行业的虚拟治理成本分别为 717.4 亿元、242.2 亿元和146.8 亿元，分别是实际治理成本的 31.2 倍、15.2 倍和 6.2 倍。

### 6.1.3　区域治理成本分析

（1）东部地区污染治理成本高。2011 年，东部地区的实际治理成本和虚拟治理成本分别为 2 565.4 亿元和 3 841.4 亿元，中部地区分别为 1 388.5 亿元和 2 607.7 亿元，西部地区分别为 1 036.2 亿元和2 243.5 亿元。东部地区实际污染治理成本最高，实际污染治理成本占总污染治理成本的比重为 51.4%。

（2）西部地区的污染治理缺口大。西部地区虚拟治理成本是实际治理成本的 2.2 倍。

（3）中部地区实际治理成本增长较快。2011 年中部地区的实际治理成本较 2010 年增长了 64.7%。东部地区实际治理成本上涨了27.7%，西部地区实际治理成本基本与 2010 年维持一致（图 6-5）。

（4）山东、江苏、河北、广东、浙江位列总污染治理成本的前 5位。2011 年这 5 个省份的合计污染治理成本为 4 747.9 亿元，占总污染治理成本的 34.7%，其中，实际治理成本占总实际治理成本的35.6%。西藏、海南、青海、宁夏、天津是污染治理成本最低的 5 个省份，其合计污染治理成本为 657.1 亿元，占总污染治理成本的 4.8%。西藏、青海、湖北、广西、新疆等是污染治理成本缺口最大的省份，其虚拟治理成本分别是实际治理成本的 7.9 倍、6.4 倍、3.1 倍、3.1 倍、3.0 倍，污染治理投入需进一步加大（图6-6）。

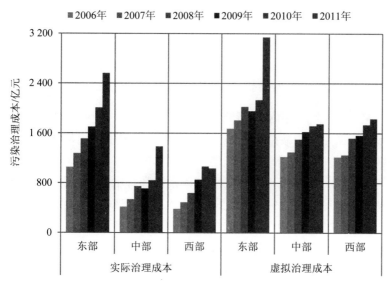

图 6-5　2006—2011 年不同区域的污染治理成本

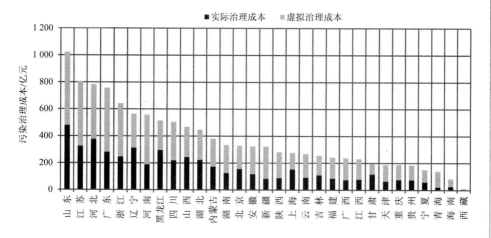

图 6-6　2011 年各省份实际治理成本和虚拟治理成本

## 6.2 GDP 污染扣减指数

2011 年 GDP 污染扣减指数为 1.7%。2011 年，我国行业合计 GDP（生产法）为 52.1 万亿元，比 2010 年增加 19.2%。虚拟治理成本为 8 692.6 亿元，虚拟治理成本占全国 GDP 的比例约为 1.7%，比 2010 年上升 0.3 个百分点。2011 年的污染扣减指数较 2010 年略有增加，说明我国"十二五"初期污染治理压力增大，污染减排工作亟须持续推进。

### 6.2.1 产业和行业污染扣减指数对比

第一产业污染扣减有所降低。2011 年，第一产业虚拟治理成本为 546.4 亿元，扣减指数为 1.15%，核算方法发生变化是导致其扣减指数下降的主要原因。

第二产业和第三产业的污染扣减指数都有所回升。2011 年第二产业和第三产业的污染扣减指数为 1.52% 和 1.97%，分别较 2010 年增加了 0.15 个百分点和 0.98 个百分点（图 6-7）。

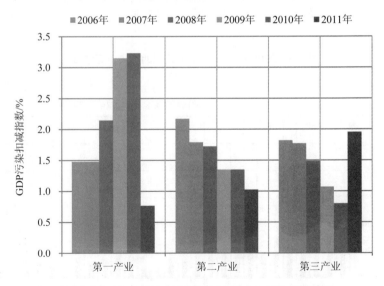

图 6-7　2006—2011 年不同产业的 GDP 污染扣减指数

### 6.2.2 区域污染扣减指数对比

东部和西部地区的污染扣减指数都有所回升；中部地区污染扣减

指数略有下降。2011 年，东部地区污染扣减指数较 2010 年均增加了 0.52 个百分点，西部地区污染扣减指数较 2010 年增加了 1.04 个百分点。中部地区污染扣减指数有所下降，比 2010 年减少了 0.21%。

西部地区的污染扣减指数高于中部地区和东部地区。2011 年，西部地区的污染扣减指数为 2.24%，中部地区 2.04%，东部地区为 1.31%，说明西部地区的污染治理投入需求相对其经济总量较中部、东部地区更大，需要给予西部地区更多的环境财政政策优惠（图 6-8）。

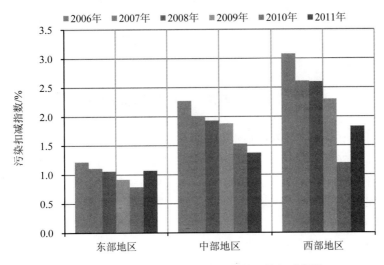

图 6-8　2006—2011 年不同地区的污染扣减指数

具体分析各省份的污染扣减指数发现，污染扣减指数小的省份是天津（0.74%）、上海（0.75%）、广东（1.07%）、北京（1.09%）、江苏（1.22%）、辽宁（1.22%）、福建（1.23%）。与 2010 年相比，这些省份的污染扣减指数都呈不同程度的增加。虽然这些东部省份的虚拟治理成本绝对量相对较高，但因其经济发展水平高，使得其污染扣减指数相对较低。青海（8.38%）、西藏（5.52%）、宁夏（5.33%）、新疆（3.82%）、湖北（3.56%）、云南（2.68%）等省份的污染扣减指数相对较高（图 6-9）。

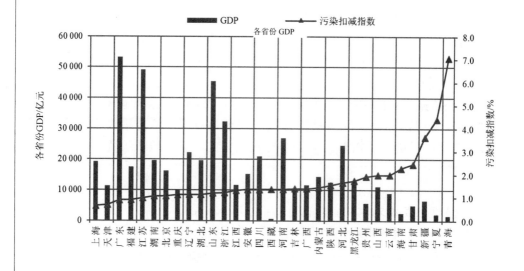

图 6-9　2011 年各省份 GDP 与污染扣减指数

　　非金矿采选、皮革、造纸和农副食品加工是污染扣减指数最高的 4
个行业。2011 年，这 4 个行业的污染扣减指数分别为 81.5%、12.8%、
9.3% 和 8.9%。与 2010 年相比，4 个行业的污染扣减指数都大幅增加，
需重点治理。

　　污染扣减指数增幅最低的行业是烟草制品，其扣减指数为
0.031%；其次为仪器仪表制造、汽车制造和电器制造，扣减指数分别
为 0.056%、0.074% 和 0.088%（图 6-10）。

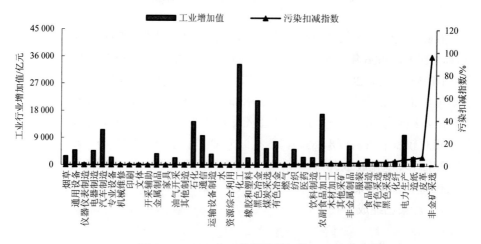

图 6-10　2011 年工业行业增加值及其污染扣减指数

## 第7章
# 环境退化成本核算账户

　　环境退化成本又称为污染损失成本，它是指在目前的治理水平下，生产和消费过程中所排放的污染物对环境功能、人体健康、作物产量等造成的实际损害，这些损害需采用一定的定价技术，如人力资本法、直接市场价值法、替代费用法等环境价值评价方法来进行评估，计算得出相应的环境退化价值。与治理成本法相比，基于损害的污染损失估价方法更具合理性，是对污染损失成本更加科学和客观的评价。环境退化成本仅按地区核算。

　　在本核算体系框架下，环境退化成本按污染介质来分，包括大气污染、水污染和固体废物污染造成的经济损失；按污染危害终端来分，包括人体健康经济损失、工农业（种植业、林牧渔业）生产经济损失、水资源经济损失、材料经济损失、土地丧失生产力引起的经济损失和对生活造成影响的经济损失。

## 7.1　水环境退化成本

　　2006—2011 年，我国水环境退化成本逐年增加，年均增速为10.7%。其中，2006 年为 3 387.0 亿元，2007 年为 3 595.1 亿元，2008年为 4 105.0 亿元，2009 年为 4 310.9 亿元，2010 年为 4 620.4 亿元，2011 年为 5 644.2 亿元（图 7-1），占总环境退化成本的 45.1%。因水环境退化成本的增速小于 GDP 增速，所以 GDP 水环境退化指数呈下降趋势，2006 年为 1.47%，2011 年为 1.1%。

　　在水环境退化成本中，污染型缺水造成的损失最大。根据核算结果，2011 年全国污染型缺水量达到 610.3 亿 $m^3$，占 2011 年总供水量的 10%，污染已经成为我国缺水的主要原因之一，对我国的水环境安全构成严重威胁，成为制约经济发展的一大要素。2006—2011 年，污染型缺水造成的损失呈小幅上升趋势。2006 年为 1 923 亿元，占水环境退化成本的 56.8%；而 2011 年为 3 355.5 亿元，占水环境退化成本比例上升到 59.4%。其次为水污染对农业生产造成的损失，2011 年为 917.7 亿元，比 2006 年增加 88.7%。2011 年水污染造成的城市生活用水额外治理和防护成本为 512.3 亿元，工业用水额外治理成本为 478.7 亿元，农村居民健康损失为 380.0 亿元，分别比 2006 年增加 31.6%、27%、80.3%。

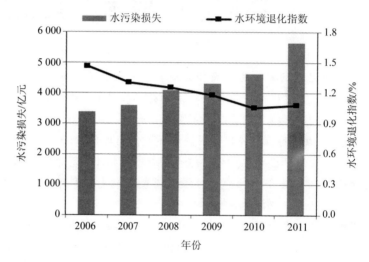

图 7-1　2006—2011 年水污染损失核算结果和水环境退化指数

　　2011 年，东部、中部、西部 3 个地区的水环境退化成本分别为 2 987.7 亿元、1 340 亿元和 1 316.6 亿元，分别比 2010 年增加 28%、−0.4%、37.6%。东部地区的水环境退化成本最高，约占废水总环境退化成本的 53.1%，占东部地区 GDP 的 1.0%；中部和西部地区的水环境退化成本分别占废水总环境退化成本的 23.5% 和 23.4%，占该地区 GDP 的 1.0% 和 1.3%。

## 7.2　大气环境退化成本

　　我国大气环境退化成本呈快速增长趋势。2006 年大气污染环境退化成本为 3 051 亿元，2011 年为 6 506.1 亿元，是 2006 年的 2.1 倍。"十一五"期间，GDP 大气环境退化指数在 1.5%～1.7% 之间波动，2011 年，GDP 大气环境退化指数下降到 1.3%（图 7-2）。

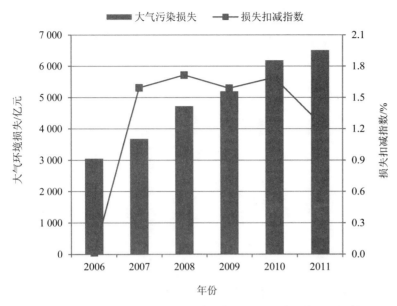

图 7-2 2006—2011 年大气污染损失及大气污染损失扣减指数

空气污染直接给公众健康造成严重影响,根据美国健康效应研究所(HEI)研究,$PM_{2.5}$ 已成为影响中国公众健康的第 4 大危险因素。根据全国死因回顾调查,自 20 世纪 70 年代以来,我国肺癌死亡率呈迅速上升趋势,已成为我国居民的首位恶性肿瘤死因。2004—2005年肺癌死亡率升高至 30.84/10 万。与 1973—1975 年相比,肺癌死亡率和年龄调整死亡率分别上升了 464.8% 和 261.4%[①]。2011 年,中国每年因室外空气污染导致的过早死亡人数为 45 万,与世界银行(WB)的核算结果相近(图 7-3)。

从城镇万人空气污染死亡率看,中部地区最高,为 0.65‰,东部地区为 0.64‰,西部地区为 6.2‰。其中,北京(0.77‰)、青海(0.75‰)、甘肃(0.72‰)、新疆(0.72‰)、河南(0.71‰)等省份相对较高。而广西(0.56‰)、广东(0.51‰)、云南(0.48‰)、西藏(0.38‰)、海南(0.26‰)等省份相对较低(图 7-4)。

---

① 卫生部. 第三次全国死因调查主要情况. 中国肿瘤, 2008 (5):344-345。

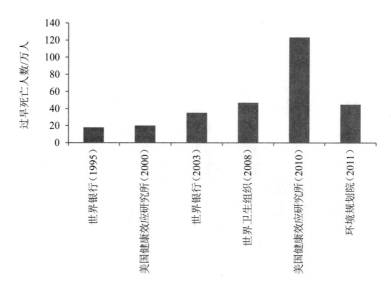

图 7-3　国内外关于我国不同时期大气污染过早死亡人数研究成果

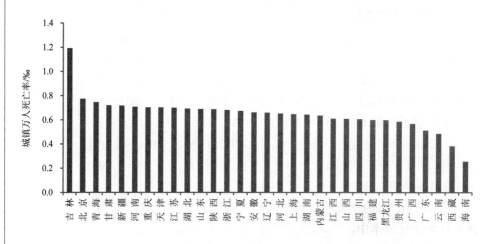

图 7-4　中国 31 个省份空气污染导致的城镇万人死亡率

在 $SO_2$ 减排政策的作用下，大气环境污染造成的农业损失有所降低。2011 年农业减产损失为 503.4 亿元，比 2006 年减少 18.4%。2011 年，材料损失为 198.5 亿元，比 2006 年增加 37.2%。随着车辆和建筑物的快速增加，额外清洁费用增速较快，从 2006 年的 416.4 亿元增加到 2011 年的 1 219.3 亿元，年均增长 23.9%。

2011 年，东部、中部、西部 3 个地区的大气环境退化成本分别为 3 620.2 亿元、1 684.9 亿元、1 378.7 亿元。大气环境退化成本最高的仍然是东部地区，占大气总环境退化成本的 54.2%，占东部地区 GDP 的 1.13%；中部和西部地区的大气环境退化成本分别占大气总环境退化成本的 25.2% 和 20.6%，这两个地区的大气环境退化成本分别占该地区 GDP 的 1.18% 和 1.21%。从省份而言，江苏（636.5 亿元）、广东（627.5 亿元）、山东（541.8 亿元）、浙江（380.8 亿元）、河南（376.8 亿元）等省份的大气污染损失绝对量比较大，占全国大气污染损失的 38.4%。甘肃（72.1 亿元）、宁夏（26.1 亿元）、青海（23.2 亿元）、海南（13.6 亿元）、西藏（2.9 亿元）等省份大气污染损失相对较少，占全国大气污染损失比例的 2.1%。

## 7.3　固体废物侵占土地退化成本

2011 年，全国工业固体废物侵占土地约为 14 624.7 万 m$^2$，比 2006 年增加 76.4%，丧失土地的机会成本约为 207.5 亿元，比 2010 年增加 91.7%。引起其增加较快的原因是一般工业固体废物的贮存量增加很多，是 2010 年的 2.53 倍。生活垃圾侵占土地约为 2 720.7 万 m$^2$，基本维持在 2010 年的水平上，丧失的土地机会成本约为 66.7 亿元，比 2010 年增加 11.6%。两项合计，2011 年全国固体废物侵占土地造成的环境退化成本为 274.2 亿元，占总环境退化成本的 2.2%。2011 年，东部、中部、西部 3 个地区的固体废物环境退化成本分别为 85.6 亿元、97.0 亿元、91.6 亿元。

## 7.4　环境退化成本

我国环境退化成本呈逐年增长趋势，2006 年（6 507.7 亿元）以来，以年均 10.9% 的速度在增加，2011 年达到 12 960.4 亿元（图 7-5）。在总环境退化成本中，大气污染退化成本和水环境退化成本是其主要的组成部分，2011 年这两项损失分别占总退化成本的 52.7% 和 44.5%，固体废物侵占土地退化成本和污染事故造成的损失分别为 274.2 亿元和 88.2 亿元，分别占总退化成本的 2.1% 和 0.7%。从环境退化总损失占 GDP 比重的扣减指数看，我国环境退化成本的扣减指数呈下降趋势。

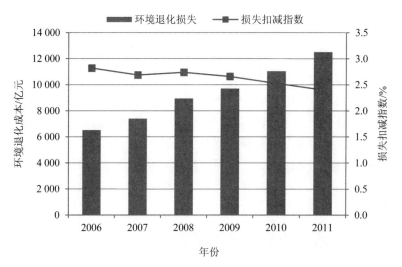

图 7-5　2006—2011 年环境退化成本及其损失扣减指数

　　从空间角度看，我国区域环境退化成本呈现自东向西递减的空间格局（图 7-6）。2011 年，我国东部地区的环境退化成本较大，为 6 693.5 亿元，占全部环境退化成本的 53.1%，中部地区为 3 122.1 亿元，西部地区为 2 787.0 亿元。具体从省份角度看，河北（1 338.3 亿元）、山东（1 156.7 亿元）、江苏（1 005.0 亿元）、河南（896.4 亿元）、广东（825.0 亿元）、浙江（616.5 亿元）等省份的环境退化成本严重，占环境退化成本比重的 46.3%。除河南外，这些省份都位于我国东部沿海地区。江西（192.6 亿元）、宁夏（139.4 亿元）、青海（49.4 亿元）、西藏（29.4 亿元）、海南（23.9 亿元）等省份的环境退化成本较少，占环境退化成本比重的 3.5%。这些省份除环境质量本底值好的海南省外，其他都位于西部地区。但从环境退化的扣减指数看，宁夏（6.6%）、河北（5.5%）、甘肃（5%）、西藏（4.8%）、新疆（3.9%）、陕西（3.6%）等经济相对落后的地区，其环境退化的扣减指数相对较高，说明这些省份经济发展的环境污染代价相对大。而湖北（1.6%）、广东（1.6%）、福建（1.4%）、海南（0.95%）等省份的环境退化扣减指数相对较低。

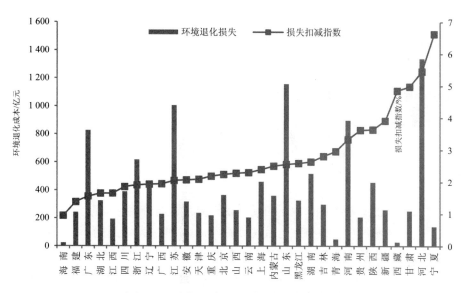

图 7-6　我国环境退化成本空间分布

# 第8章
# 生态破坏损失核算账户

生态系统可以按不同的方法和标准进行分类，本报告按生态系统的环境性质将整个生态系统划分为五类，即森林生态系统、草地生态系统、湿地生态系统、耕地生态系统和海洋生态系统。由于不掌握耕地和海洋生态系统的基础数据，本报告仅核算了森林、草地、湿地和矿产开发引起的地下水流失与地质灾害等 4 类生态系统的服务功能损失。

生态系统一般具有三大类功能，即生活与生产物质的提供（如食物、木材、燃料、工业原料、药品等）、生命支持系统的维持（如生物多样性、气候调节、水土保持等）以及精神生活的享受（如登山、野游、渔猎、漂流等）。本报告所指生态服务功能仅包括第一类和第二类中的重要功能，并根据森林、草地和湿地的主要生态功能分别选择了对其最重要和典型的服务功能进行核算（表8-1）。

表 8-1　生态破坏损失核算框架

| | 生产有机物质 | 调节大气 | 涵养水源 | 水分调节 | 水土保持 | 营养物质循环 | 净化污染 | 野生生物栖息地 | 干扰调节 |
|---|---|---|---|---|---|---|---|---|---|
| 森林 | √ | √ | √ | | √ | √ | √ | √ | |
| 湿地 | √ | √ | √ | √ | √ | √ | √ | √ | √ |
| 草地 | √ | √ | √ | | √ | √ | | | |
| 耕地 | × | × | × | | × | × | | | |
| 海洋 | × | × | | × | | × | × | × | × |

注：√表示已核算项目；×表示未核算项目。

## 8.1　森林生态破坏损失

根据全国第 7 次森林资源清查结果，我国目前森林面积为

19 545.22 万 hm², 森林覆盖率为 20.36%, 比第 6 次清查结果 18.21% 提高了 2.15%。总体来看,森林面积继续扩大,林木蓄积生长量持续大于消耗量,森林质量有所提高,森林生态功能不断增强。但本次清查也发现,我国森林资源长期存在的数量增长与质量下降并存、森林生态系统趋于简单化、生态功能衰退、森林生态系统调节能力下降的问题仍然广泛存在,生态脆弱状况没有根本扭转。

在人类活动的干扰下,森林资源的非正常耗减所造成的生态服务功能下降,包括森林资源非正常耗减带来的森林生态系统服务功能退化损失以及为防止森林生态退化的支出两部分。由于缺乏数据,本报告仅对前者的损失进行了核算。这里所指的森林资源包括常绿针叶林、常绿阔叶林、落叶针叶林、落叶阔叶林等多种类型(这里主要指乔木树种构成,郁闭度 0.2 以上的林地或冠幅宽度 10 m 以上的林带,不包括灌木林地和疏林地)。

根据全国第 7 次森林资源清查结果,林地转为非林地的面积有 831.73 万 hm²。2011 年我国森林生态破坏损失达到 1 316.2 亿元,占 2011 年全国 GDP 的 0.25%,其中针叶林生态破坏损失达到 615.9 亿元,阔叶林生态破坏损失达到 700.3 亿元。从损失的各项功能看,生产有机质、固碳释氧、涵养水源、保持水土、营养物质循环、生物多样性保护、净化空气等森林资源的各项生态功能破坏损失分别为 62.9 亿元、97.8 亿元、37.8 亿元、79.0 亿元、28.7 亿元、746.5 亿元、262.8 亿元(图 8-1)。其中,生物多样性保护功能丧失所造成的破坏损失最大,占森林总损失的 57%,超过其他各项生态功能破坏损失之和。

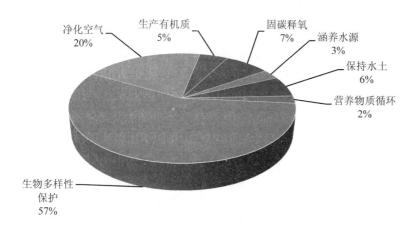

图 8-1　森林生态破坏各项损失所占比例

　　我国森林的空间分布差异很大,主要分布在东南地区、西南地区、内蒙古东部地区和东北三省,仅黑龙江、吉林、内蒙古、四川、云南五省份的森林面积和蓄积量就占全国的 43.4% 和 49.7%。而森林非正常耗减量位居前 5 位的省份为湖北省、黑龙江省、河南省、广西壮族自治区、云南省,分别占全国非正常耗减量的 9.8%、9.5%、8.8%、8.7% 和 8.4%,造成的生态破坏损失分别达到 129.0 亿元、124.8 亿元、115.2 亿元、114.7 亿元、111.1 亿元(图 8-2)。

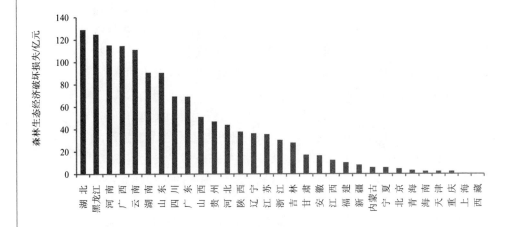

图 8-2　31 个省份的森林生态破坏经济损失

## 8.2　湿地生态破坏损失

　　全国湿地资源调查(1995—2003 年)结果表明,我国现有调查范围内的湿地总面积为 3 848.55 万 hm$^2$,其中自然湿地面积 3 620.05 万 hm$^2$,占国土面积的 3.77%。在自然湿地面积中,滨海湿地所占比重为 16.41%,河流湿地占 22.67%,湖泊湿地占 23.07%,沼泽湿地占 37.85%。调查表明,湿地开垦、改变自然湿地用途和城市开发占用自然湿地是造成我国自然湿地面积削减、功能下降的主要原因。

　　本报告所指湿地生态破坏是指在人类活动的干扰下,由于人为因素造成的湿地生态系统的生态服务功能退化,以湿地围垦率指标体现湿地生态系统的人为破坏率。根据核算结果,目前全国湿地围垦面积达到 65.8 万 hm$^2$,由此造成的湿地生态破坏损失达到 1 353.4 亿元,占 2011 年全国 GDP 的 0.26%。湿地的生产有机物质、调节大气、涵养水源、水分调节、水土保持、营养物质循环、净化污染、野生生物栖息地、干扰调节生态系统服务功能损失分别为 14.6 亿元、18.1 亿元、623.2 亿元、1.1 亿元、15.8 亿元、5.3 亿元、312.7 亿元、22.8 亿元、339.8 亿元。在湿地生态破坏造成的各项损失中，涵养水源的损失贡献率最大，占总经济损失的 46.0%（图 8-3）。

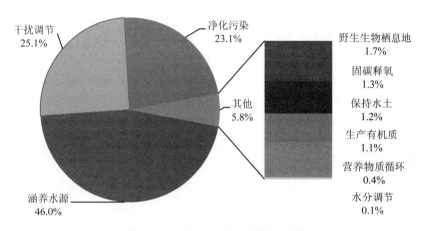

图 8-3　湿地生态破坏各项损失比例

我国湿地分布较为广泛，同时，受自然条件的影响，湿地类型的地理分布表现出明显的区域差异。我国湿地主要分布在西藏、黑龙江、内蒙古和青海 4 个省份，这 4 个省份的湿地面积占全国湿地面积的46.6%。在全国 31 个省份中，浙江省的湿地人为破坏率最高，达到4.4%，其次是重庆市（3.9%）和甘肃省（3.2%）。虽然湿地主要分布地区的人为破坏率处于中游水平，但由于基数大，黑龙江、西藏、内蒙古、青海和甘肃的人为湿地破坏面积位居全国前 5 位，这 5 个省份的湿地生态破坏经济损失也位居前 5 位，经济损失分别达到220.3 亿元、192.6 亿元、172.1 亿元、80.6 亿元和68.4 亿元，5 省合计约占全国湿地生态破坏经济损失的51.2%（图 8-4）。

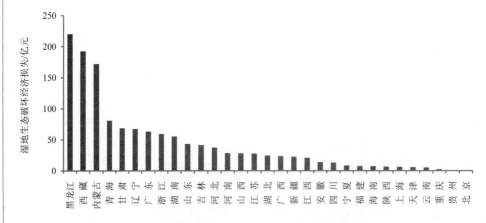

图 8-4　31 个省份的湿地生态破坏经济损失

## 8.3　草地生态破坏损失

北方干旱半干旱草原区位于我国西北、华北北部以及东北西部地区，涉及河北、山西、内蒙古、辽宁、吉林、黑龙江、陕西、甘肃、宁夏和新疆等 10 个省份，是我国北方重要的生态屏障；2011 年全区域有草原面积为 15 995 万 $hm^2$，占全国草原总面积的 40.7%。该区域气候干旱少雨、多风，冷季寒冷漫长，草原类型以荒漠化草原为主，生态系统十分脆弱。青藏高寒草原区位于我国青藏高原，2011 年全区域草原面积为 13 908 万 $hm^2$，占全国草原总面积的 35.4%；区域内大部分草原在海拔 3 000 m 以上，气候寒冷、牧草生长期短，草层低矮，产草量低，草原类型以高寒草原为主，生态系统极度脆弱。东北、华北湿润半湿润草原区主要位于我国东北和华北地区，全区域草原面积为 2 961 万 $hm^2$，占全国草原总面积的 7.6%；该区域是我国草原植被覆盖度较高、天然草原品质较好、产量较高的地区，也是草地畜牧业较为发达的地区，发展人工种草和草产品加工业潜力很大。南方草地区位于我国南部，涉及上海、江苏、浙江、安徽、福建、江西、湖南、湖北、广东、广西、海南、重庆、四川、贵州和云南 15 省份，全区域草原面积为 6 419 万 $hm^2$，占全国草原总面积的 16.3%。区域内水热资源丰富，牧草生长期长，产草量高，但草资源开发利用不足，部分地区面临石漠化威胁，水土流失严重。

根据全国草原监测报告，2011 年，全国草原综合植被盖度为 51%。国家对草原生态保护建设力度不断加大，部分地区草原生态环境加快恢复，但全国草原超载过牧依然严重，草原退化、沙化、盐渍化仍在不断发展，草原生态环境形势严峻，全国草原生态环境治理步入攻坚阶段。2011 年全国重点天然草原的牲畜超载率为 28%，较 2010 年下降了 2 个百分点。全国 268 个牧区半牧区县（旗、市）天然草原的牲畜超载率为 42%，其中牧区县牲畜超载率为 39%，半牧区县牲畜超载率为 46%。2011 年，全国草原鼠害危害面积为 3 872.4 万 hm²，约占全国草原总面积的 10%，与 2010 年基本持平。草原鼠害主要发生在河北等 13 个省份和新疆生产建设兵团。其中，在青海、内蒙古、西藏、甘肃、新疆、四川等 6 省份合计危害面积为 3 480.1 万 hm²，占全国鼠害危害面积的 89.9%。2011 年，全国共发生草原火灾 83 起，其中一般草原火灾 81 起，较大草原火灾 1 起，重大草原火灾 1 起。受害草原面积为 17 473.5 hm²，无人员伤亡和牲畜损失。与 2010 年相比，草原火灾次数减少 26 起，受害草原面积增加 12 315.1 hm²。与"十一五"时期的平均水平相比，火灾发生次数下降 63.7%，受害草原面积下降 11.4%。

草地生态破坏是在人类活动的干扰下，由于人为因素造成的草地生态系统的生态服务功能退化。报告核算结果显示，2010 年全国人为破坏的草地面积达到 1 730.65 万 hm²，由此造成的草地生态破坏损失达到 1 837.1 亿元，占 2011 年全国 GDP 的 0.35%。草地的生产有机物质、调节大气、涵养水源、水土保持、营养物质循环等生态系统服务功能损失分别为 259.0 亿元、320.7 亿元、265.7 亿元、898.0 亿元、93.7 亿元。在草地生态破坏造成的各项损失中，水土保持的贡献率最大，占总经济损失的 49%（图 8-5）。

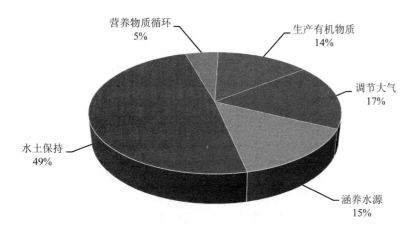

图 8-5　2011 年草地生态破坏各项损失比例

我国草地主要集中在西部地区，而且西部地区的牲畜超载率也普遍较高，根据《2011 年全国草原监测报告》，西藏、内蒙古、新疆、青海、四川、甘肃的牲畜超载率分别为 32%、18%、30%、25%、37%、34%。因此，西部地区草地生态破坏损失远大于东中部地区，占 87%，东部占 1.7%，中部占 11.3%。在 31 个省份中，青海省以 396.1 亿元位居首位，占全国总损失的 21.6%，内蒙古（285.8 亿元）和西藏（258.5 亿元）分别占 15.6% 和 14%，这 3 个省份和四川、新疆、黑龙江、甘肃 7 个省份 2011 年的草地生态系统破坏经济损失为 1 430.5 亿元，占全国的 77.8%，其他 13 个省仅占 22.2%（图 8-6）。

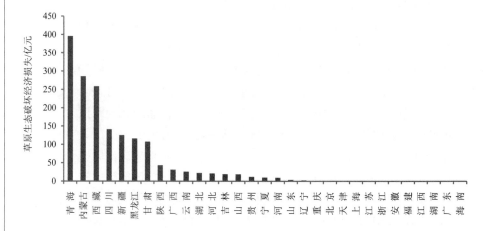

图 8-6　31 个省份的草地生态破坏经济损失

## 8.4　矿产开发生态破坏损失

目前矿产开发每年导致的地下水资源破坏量达到 14.2 亿 $m^3$，由此造成的经济损失达到 60.5 亿元；因采矿活动形成的地质灾害面积约为 116.18 万 $hm^2$，由此造成的经济损失达到 191.3 亿元，两项合计 2011 年矿产开发造成的经济损失达到 251.8 亿元，占 2011 年全国 GDP 的 0.05%。

从区域角度看，我国矿产资源主要集中分布在湖北、湖南、山西、陕西、内蒙古、青海、新疆、贵州和云南等中西部地区，因此，中西部省份矿产开发造成的生态破坏损失量较大，分别达到 192.9 亿元和 38.2 亿元，占总生态破坏损失量 76.6% 和 15.1%。在 31 个省份中，山西省以 163 亿元居首位，占全国总损失的 67%（图 8-7）。

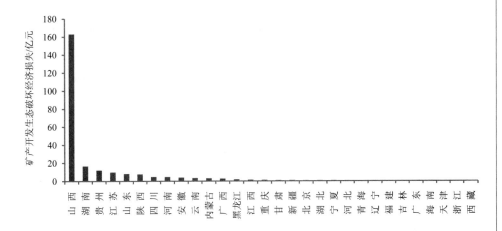

图 8-7 31 个省份矿产开发生态破坏经济损失

## 8.5 生态破坏总损失

2008—2011 年我国生态破坏损失呈小幅增长趋势（图 8-8）。2008 年全国的生态破坏损失为 3 961.8 亿元，2009 年为 4 206.5 亿元，2010 年为 4 417.0 亿元，2011 年为 4 758.5 亿元，占 GDP 的 0.9%。在生态总损失中，草地退化造成的生态损失相对较大，2011 年为 1 837.1 亿元。其次为湿地占用导致的生态损失，2011 年为 1 353.4 亿元。因矿产资源开发导致的地下水污染和地质灾害损失相对较少，2011 年为 251.8 亿元。

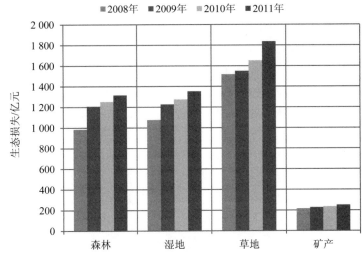

图 8-8 2008—2011 年不同类型生态损失对比

　　我国生态破坏损失的空间分布极不均衡，呈现从东部沿海地区向西部地区逐级递增的空间格局（图 8-9）。2011 年，我国东部、中部、西部 3 个地区的生态破坏损失分别为 702.7 亿元、1 400.3 亿元、2 655.5 亿元，分别占生态总损失的 14.8%、29.4%、55.8%，西部地区的生态破坏损失超过了中东部地区的总和。

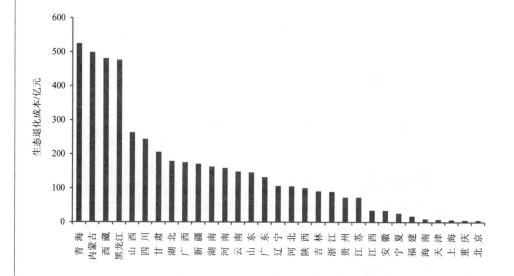

**图 8-9　2011 年我国各省生态退化成本**

　　我国生态破坏损失空间差异大，主要集中在西部和东北地区，其生态破坏的类型有所不同。具体从省份而言，青海（524.9 亿元）、内蒙古（499.2 亿元）、黑龙江（476.1 亿元）、西藏（481.2 亿元）、山西（263.3 亿元）、四川（243.6 亿元）等是我国生态破坏损失最严重的省份，这些省份的生态破坏损失占到总生态破坏损失的 52.3%。其中，青海、内蒙古、四川等省份的生态破坏损失以草地损失为主，分别占该省总生态损失的 83.9%、63.7%、64.2%；山西生态破坏损失以矿产资源开发的生态损失为主，占该省总生态损失的比重为 61.9%；黑龙江生态破坏损失以湿地损失为主，占该省总生态损失的比重为 45.4%；西藏生态破坏损失由草地和湿地损失组成，占该自治区生态损失的比重分别为 59.9% 和 40%。

# 第9章

# 环境经济核算综合分析

2004—2011 年随着经济的快速发展，环境污染代价和所需要的污染治理投入在同步增长，环境问题已经成为我国可持续发展的主要制约因素。8 年间基于退化成本的环境污染代价从 5 118.2 亿元提高到 12 690.4 亿元，增长了 148%，年均增长 12.2%。鉴于我国在今后相当长的一段时期内仍处于工业化中后期阶段，环境质量改善是一项长期艰巨的任务，预计今后 10~15 年还处于经济总量与生态环境成本同步上升的阶段。

## 9.1　我国处于经济增长与环境成本同步上升阶段

连续 8 年（2004—2011 年）的核算表明，我国经济发展造成的环境污染代价持续增加，8 年间基于退化成本的环境污染代价从 5 118.2 亿元提高到 12 690.4 亿元，增长了 148%，年均增长 12.2%。"十一五"期间，基于治理成本法的虚拟治理成本从 4 112.6 亿元提高到 5 589.3 亿元，增长了 35.9%。2011 年基于治理成本法的虚拟治理成本为 8 692.6 亿元（图 9-1），由于 2011 年环境统计中交通源的 $NO_x$ 排放量增加很大，导致其虚拟治理成本相对较高。

2004—2011 年的核算结果说明，随着经济的快速发展，环境污染代价和所需要的污染治理投入在同步增长，环境问题已经成为我国经济社会可持续发展的主要制约因素。对比分析我国经济增速与环境污染损失增速可知（图 9-2），除 2007 年外，我国环境污染损失与 GDP 基本同步增速，2008 年，环境污染损失增速快于 GDP 增速，为 22%。鉴于我国在今后相当长的一段时期内仍处于工业化中后期阶段，环境质量改善是一项长期艰巨的任务，预计今后 10~15 年还处于经济总量与生态环境成本同步上升的阶段。

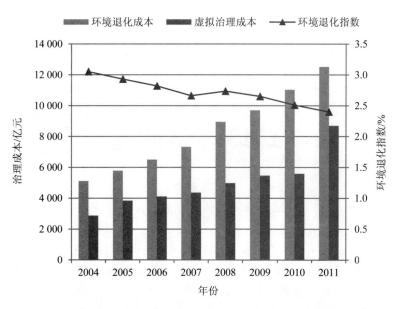

图 9-1　2004—2011 年中国环境退化成本、虚拟治理成本及环境退化指数

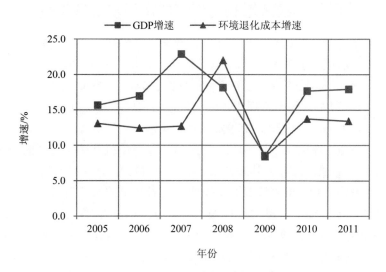

图 9-2　2005—2011 年 GDP 增速与环境退化成本增速对比（当年价）

## 9.2 我国生态环境退化成本占 GDP 的比重有所下降

以环境退化成本与生态破坏损失合计作为我国生态环境退化成本，对比分析 2008—2011 年生态环境退化成本可知，我国生态环境退化成本呈上升趋势，但生态环境退化成本占 GDP 的比重有所下降。2008 年我国生态环境退化成本为 12 745.7 亿元，占当年 GDP 的比重为 3.9%；2009 年为 13 916.2 亿元，占当年 GDP 的比重为 3.8%；2010 年为 15 389.5 亿元，占 GDP 的比重下降到 3.5%；2011 年为 17 449.0 亿元，占 GDP 的比重为 3.3%（图 9-3）。

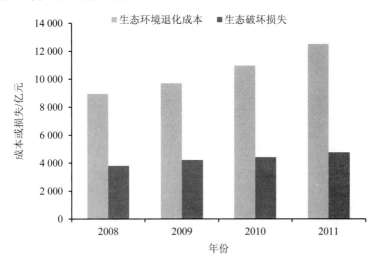

图 9-3　2008—2011 年 GDP 生态环境退化成本和损失

由于缺乏基础数据，土壤和地下水污染造成的环境损害、耕地和海洋生态系统破坏造成的损失、环境污染事故造成的环境损害无法计量，各项损害的核算范围也不全面，资源消耗损失没有核算，报告核算的生态环境污染损失占 GDP 的比例在 3.9%～3.3%。另据世界银行通过能源消耗、矿产资源消耗、森林资源消耗、$CO_2$ 排放以及颗粒物排放等不同口径的资源环境损失的核算结果显示，2004—2008 年，我国资源环境损失占 GDP 的比重由 7.1% 逐步上升到 10.0%。根据世界银行核算结果，2008 年，美国、日本、英国、德国、法国等发达国家资源环境损失占 GDP 的比重分别为 5%、5%、2.3%、0.5%、0.1%[①]，

①http://siteressources.worldbank.org/ENVIRONMENT/Resources.

我国资源环境成本占 GDP 的比重都高于这些国家。中国现阶段经济发展对资源环境的消损依赖较深，存在着高投入、高消耗、低产出、低效率的问题。

## 9.3 生态环境退化成本空间分布不均

2011 年，我国生态环境退化成本共计 17 361.1 亿元[①]。其中，东部地区生态环境退化成本最大，为 7 396.2 亿元，占全国生态环境退化成本的 42.6%；中部地区生态环境退化成本为 4 522.4 亿元，占比为 26.1%；西部地区生态环境退化成本为 5 442.5 亿元，占比为 31.3%。具体从省份看，河北（1 444.0 亿元）、山东（1 302.9 亿元）、江苏（1 078.1 亿元）、河南（1 055.5 亿元）、广东（957.5 亿元）等 5 个省份的生态环境退化成本最高，占全国生态环境退化成本的比重为 33.6%。海南（33.9 亿元）、宁夏（165.5 亿元）、重庆（224.6 亿元）、江西（227.2 亿元）、天津（243.7 亿元），合计占比为 5.2%（图 9-4）。

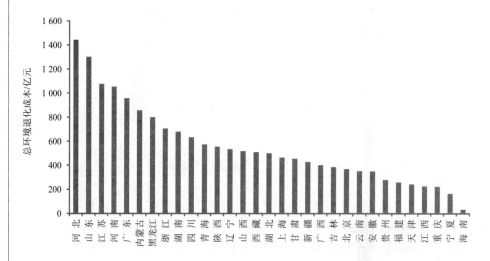

图 9-4    2011 年生态环境退化成本空间分布

我国生态破坏损失和环境退化成本的空间分布很不均衡，生态破坏损失主要分布在西部地区，环境退化成本主要分别在东部地区。从图 9-5 可知，我国东部地区的环境退化成本成本占全国环境退化成本

---

① 由于缺乏分省份的渔业污染事故损失数据，因此，东部、中部、西部合计的生态环境损失合计不等于全国合计的生态环境损失。

成本的 53.1%左右，西部地区的生态破坏损失占全国生态破坏损失比重的 55.8%左右。进一步分析不同区域的生态环境退化指数可知，西部地区生态环境退化指数高于中东部地区（图 9-6）。西部地区生态环境退化指数为 5.4%，中部地区为 3.5%，东部地区为 2.5%，生态环境退化对西部地区的影响更为严重。考虑生态环境退化损失后，生态环境退化指数最高的为青海（34.4%）、甘肃（9.1%）、宁夏（7.9%）、新疆（6.5%）、黑龙江（6.4%）、内蒙古（6%）。这些省份都属于中西部地区，且多为欠发达资源富集省份。生态环境退化指数最低的省份都位于东部地区，说明欠发达地区经济增长的资源环境代价高于发达地区。如果把生态环境退化成本从区域 GDP 中扣减掉，西部地区与东部地区的经济发展差距会进一步拉大。西部地区生态环境脆弱，经济发展的资源环境代价大，西部地区即将成为承接我国东部地区产业转移的重点区域，如何提高西部地区的可持续发展能力亟须思考。

　　2011 年，环境退化指数较高的省份为宁夏（6.6%）、河北（5.5%）、甘肃（5%）、新疆（3.9%）、陕西（3.6%），比重较低的省份为湖北（1.6%）、江西（1.6%）、广东（1.5%）、福建（1.4%）、海南（0.9%）。

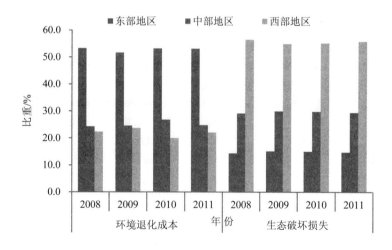

图 9-5　2008—2011 年东部、中部、西部地区环境退化成本和生态破坏损失所占比重

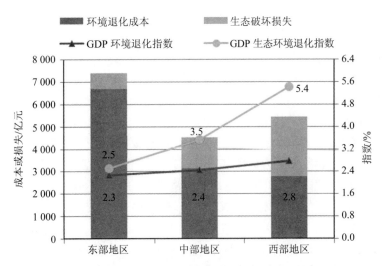

图 9-6　2011 年地区生态退化成本和破坏损失及 GDP 环境退化指数和
GDP 生态环境退化指数

**专栏 9.1　相关概念**

GDP 污染扣减指数（Pollution Reduction Index to GDP，$PRI_{GDP}$）是指虚拟治理成本占当年行业合计 GDP 的百分比，即 GDP 污染扣减指数＝虚拟治理成本/当年行业合计 GDP×100%。由于虚拟治理成本基本根据市场价格核算的环境治理成本，因此可以作为"中间消耗成本"直接在 GDP 中扣减。

GDP 环境退化指数（Environmental Degradation Index to GDP，$EDI_{GDP}$）是指环境退化成本占当年地区合计 GDP 的百分比，即 GDP 环境退化指数＝环境退化成本/当年地区合计 GDP×100%。

GDP 生态环境退化指数（Ecological and Environmental Degradation Index to GDP，$EEDI_{GDP}$）是指生态破坏损失和环境退化成本占当年地区合计 GDP 的百分比，即 GDP 生态环境退化指数＝（生态破坏损失+环境退化成本）/当年地区合计 GDP×100%。

GDP 环境保护支出指数（Environmental Protection Expenditure Index to GDP，$EPEI_{GDP}$）是指环境保护支出占当年行业合计 GDP 的百分比，即 GDP 环保支出指数＝环境保护支出/当年行业合计 GDP×100%。本报告采用狭义的环境保护支出指数，GDP 环境治理支出指数=环境治理支出/当年行业合计 GDP×100%。

生态环境损失（Ecological and Environmental Damage）是指生态破坏损失和环境退化成本之和。

## 9.4 欠发达地区经济发展的生态环境投入产出效益相对较低

核算表明,生态环境退化成本占 GDP 的比例与人均 GDP 呈现负指数关系,显示出经济发展越是落后的地区,经济发展的生态环境退化成本越大(图 9-7)。生态环境退化成本与人均 GDP 的负相关,与处于不同经济发展阶段的各地区的产业结构差异有关。人均 GDP 低的欠发达地区农村人口和农业所占比重相对较大,对生态系统的压力也较大。由于农业生产方式比较粗放,土地利用和农业生产活动导致生态破坏持续扩大。

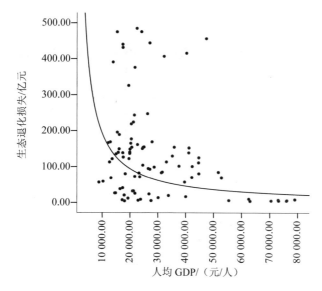

**图 9-7　生态退化成本与经济增长的关系**

工业生产是导致环境污染损失的主要原因,用环境退化成本占第二产业增加值的比例反映第二产业的环境投入产出效应。环境退化成本占第二产业增加值的比例在全国平均为 5.4%。比例较高的省份主要有宁夏(17.0%)、河北(11.4%)、北京(11.9%)、甘肃(13.0%)、贵州(11.3%)、青海(6.1%)。比例较低的省份有湖北(3.7%)、广东(3.3%)、福建(3.1%)、江西(3.6%)、海南(5.1%),这些省份主要分布在我国东部沿海地区,其工业发展的资源环境代价相对较小(图 9-8)。

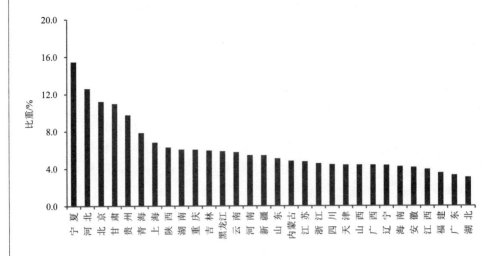

**图 9-8 2011 年各省份环境退化成本占工业增加值的比重**

上述分析可知，我国欠发达地区无论是农业的投入产出效益，还是工业的投入产出效益，都表明其经济发展的生态环境代价相对较高。我国生态退化损失与贫困人口分布具有高度耦合性。西藏、甘肃、青海、宁夏等省份是"老、少、边、穷"的经济发展滞后地区，同时也是生态脆弱地区，坡地耕种、森林砍伐、超载过牧等掠夺式生产方式给生态环境带来严重破坏，制约着这些地区的脱贫和发展。因此，如何从资源环境使用效率的角度来科学合理促进我国经济发展都是值得思考的问题。

# 第二部分
## 中国环境经济核算研究报告
## 2012

（陈金华　摄影）

# 第 10 章

# 污染排放与碳排放账户

实物量核算账户的构建是环境经济核算的第一步。本章实物量核算账户主要包括水污染、大气污染、固体废物污染以及碳排放 4 个子账户。

2012 年我国的废水排放量为 925.0 亿 t，2012 年 COD 排放量为 2 405.0 万 t，较 2011 年降低了 3%。2012 年 $SO_2$ 排放量为 2 117.4 万 t，2012 年 $NO_x$ 排放量为 2 337.4 万 t。

## 10.1 水污染排放[①]

2012 年我国的废水排放量 925.0 亿 t，较 2011 年增加 5.8%；2012 年 COD 排放量为 2 405.0 万 t，2012 年氨氮排放量为 251.7 万 t。从排放绩效的角度看，农副食品加工业是 COD 污染排放大户，其 COD 去除率低于全国平均水平，需加大对重点水污染行业的监管。

### 10.1.1 水污染排放

（1）2012 年我国的废水排放量有所增加。2012 年废水排放量为 925.0 亿 t，较 2011 年增长了 5.8%。

（2）COD 排放总量呈降低趋势。2012 年 COD 排放量为 2 405.0 万 t，比 2011 年减少 3.0%。其中农业 COD 排放量为 1 153.8 万 t，较 2011 年减少 2.7%；工业 COD 排放量为 338.5 万 t，较 2011 年减少 4.6%；生活源 COD 排放量为 912.8 万 t，较 2011 年减少 2.8%。"十二五"初期，COD 排放总量呈降低趋势（图 10-1）。

---

① 本节数据主要来源于环境统计年报。

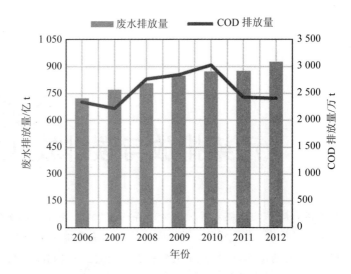

图 10-1  2006—2012 年废水和 COD 排放量

（3）农业是 COD 排放的主要来源。2012 年，农业源 COD 排放量占 COD 排放总量的 48%；生活源占 38%；工业源占 14%（图 10-2）。

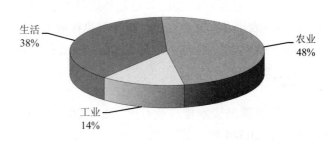

图 10-2  2012 年 COD 排放来源

### 10.1.2  水污染排放绩效

（1）根据核算，工业行业 COD 去除率呈逐年上升趋势。工业行业 COD 平均去除率由 2006 年的 60.3%上升到 2012 年的 86.1%。

（2）COD 排放大户——农副食品加工业，其 COD 去除率低于全国平均水平。造纸、农副食品加工、化学制造、纺织以及饮料制造业是工业 COD 排放量最大的 5 个行业，其 COD 排放量之和占工业 COD 排放总量的 65.4%。2012 年，这 5 个行业的污染物去除率分别为

88.3%、78.5%、86.5%、85.9%和91.1%（图10-3）。农副食品加工业COD去除率低于全国平均水平，有较大的提升空间，工业COD总量减排工作应重点关注该行业。

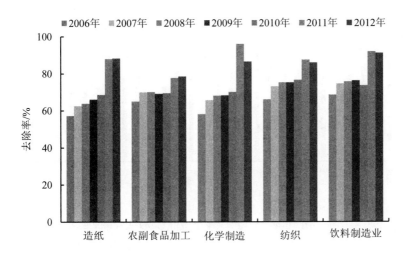

图10-3 2006—2012年工业COD去除率

（3）单位工业增加值的COD产生量和排放量都呈下降趋势。单位工业增加值的COD的产生量和排放量从2006年的18.3 kg/万元和7.3 kg/万元下降到2012年的10.3 kg/万元和1.4 kg/万元，工业废水的排放绩效显著提高。

从空间格局角度分析，湖南、广东、四川、湖北、河南是我国工业和城镇生活COD排放量最大的前5个省份，其COD排放量占总排放量的31.9%，COD去除率分别为63.9%、75.9%、54.2%、50.1%和53.8%。除广东外，其他省份的工业和城镇生活COD去除率都低于全国平均水平。安徽、河北、海南、北京等省份的工业和城镇生活COD去除率相对较高，都高于82.0%。西藏、甘肃、贵州、青海等省份的工业和城镇生活COD去除率相对较低，都低于50.0%（图10-4）。

2012年全国单位GDP的COD排放量为41.7 t/万元。31个省份中，黑龙江、宁夏和新疆是单位GDP的COD排放量最大的3个省份，分别为109.3 t/万元、97.0 t/万元和89.9 t/万元；北京、上海、天津3个直辖市单位GDP的COD排放量最低，其中，北京万元GDP的

COD 排放量仅为 10.1 t。在 COD 排放量最大的 5 个省份中，黑龙江省单位 GDP 的 COD 排放量最高（图 10-5）。从绩效的角度出发，控制黑龙江等地区的 COD 排放量有利于提高全国 COD 污染排放控制绩效的整体水平。

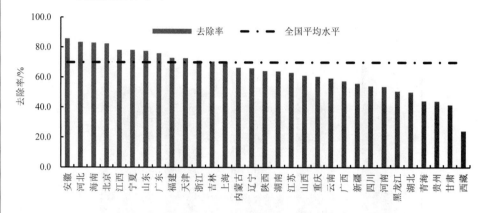

**图 10-4　2012 年 31 个省份 COD 去除率**

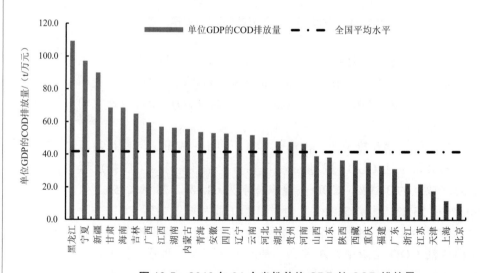

**图 10-5　2012 年 31 个省份单位 GDP 的 COD 排放量**

（4）城镇污水处理能力有所提高，但仍存在较大提升空间。截至 2012 年年底，全国城镇累计建成的污水处理厂由 2006 年的 939 座增加到 4 628 座；总处理能力从 2006 年的 0.64 亿 m³/d 上升至 1.53 亿 m³/d，日处理能力提高了 1.4 倍。2012 年全国十大水系生活污水实际处理量为 357.6 亿 t，城镇生活污水排放量为 462.6 亿 t，处理量占排放量的 77.3%，仍存在较大的提升空间。

（5）城镇生活污水处理以二、三级处理为主。北京、天津城镇生活污水处理均达到二级以上；西藏城镇生活污水处理水平较低，二级以上生活污水处理比例为零；陕西、河北、山西等地城镇生活污水二、三级处理所占比例不足 60.0%，还需要进一步提升（图 10-6）。

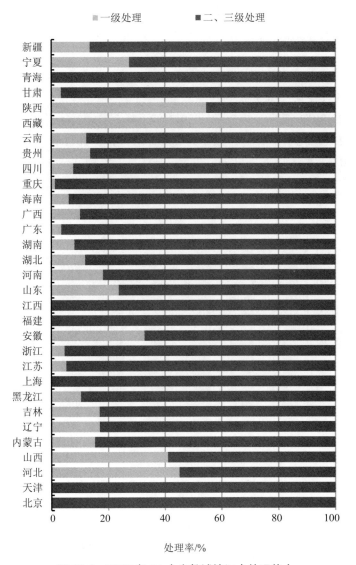

图 10-6　2012 年 31 个省份城镇污水处理能力

## 10.2  大气污染排放

"十二五"期间，国家对 $SO_2$ 和 $NO_x$ 两项主要大气污染物实施国家总量控制和减排。2012 年我国大气污染物的排放量得到有效控制，$SO_2$、$NO_x$ 等污染物都呈下降趋势。2011 年 $SO_2$ 排放量为 2 217.1 万 t，2012 年为 2 117.4 万 t，减少了 4.5%。2011 年 $NO_x$ 排放量为 2 403.9 t，2012 年为 2 337.4 万 t，下降了 2.8%。

### 10.2.1  大气污染排放

（1）$SO_2$ 排放总量出现下降趋势。2012 年 $SO_2$ 排放量 2 117.4 万 t，较 2011 年下降了 4.5%。

（2）2012 年 $NO_x$ 排放量较 2011 年下降 2.8%，$NO_x$ 总量减排工作初见成效。2012 年 $NO_x$ 排放量为 2 337.4 万 t，较 2011 年下降了 2.8%（图 10-7）。"十二五"以来，总量减排工作持续推进，随着工业行业脱硝设施改造及技术的完善，$NO_x$ 排放得到了初步控制。

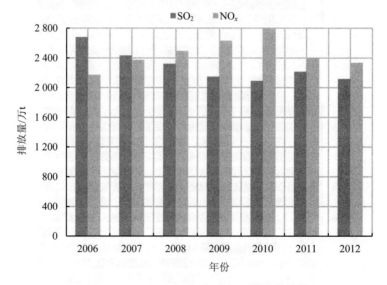

图 10-7  2006—2012 年大气污染物排放量

（3）$SO_2$ 排放主要来源于工业行业。2012 年，工业 $SO_2$ 排放量占 $SO_2$ 排放总量的 90.8%；农业 $SO_2$ 排放量占 $SO_2$ 排放总量的 5.5%；其余 3.7%的 $SO_2$ 排放来自于生活源。

电力生产、黑色冶金、非金属制品、化学制造、有色冶金、石化

等行业是工业 $SO_2$ 排放的主要行业，这六大行业的排放量之和占工业 $SO_2$ 排放总量的 87.3%，其中，电力是 $SO_2$ 排放最大的行业，占工业 $SO_2$ 排放总量的 44.6%（图 10-8）。

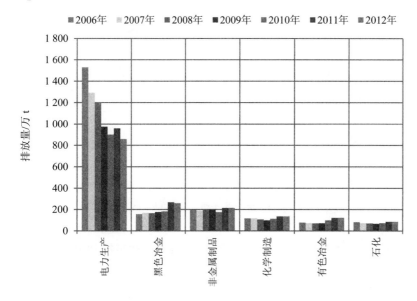

图 10-8　2006—2012 年主要行业 $SO_2$ 排放量

### 10.2.2　大气污染排放绩效

（1）工业 $SO_2$ 去除率略有上升，40 个工业行业中 5 个行业 $SO_2$ 去除率超过 50.0%。2012 年，我国工业 $SO_2$ 去除率为 67.8%，2011 年为 66.3%，工业 $SO_2$ 去除率略有上升。电力生产 $SO_2$ 去除率首次突破 70.0%。

（2）在六大主要污染行业中，电力生产、有色冶金和石化行业 $SO_2$ 去除率高于工业行业平均水平。电力生产、黑色冶金、非金属制品、化学制造、有色冶金和石化行业是大气污染 $SO_2$ 主要排放源，其中，电力生产 $SO_2$ 去除率为 74.4%，有色冶金行业去除率为 88.3%，石化行业 $SO_2$ 去除率为 76.2%，高于全国平均水平（图 10-9）。

黑色冶金和非金属制品行业 $SO_2$ 排放量之和占工业 $SO_2$ 排放总量的 24.8%，两行业 $SO_2$ 去除率均不到 30.0%，从提高工业 $SO_2$ 减排绩效的角度看，提高这两个行业的 $SO_2$ 去除率对于工业行业 $SO_2$ 减排具有重要意义。

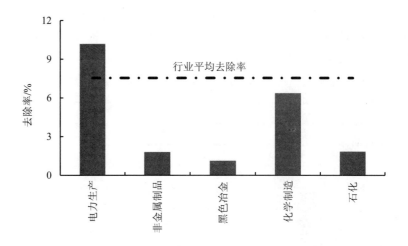

图 10-9　2012 年主要大气污染行业 SO₂ 去除率

（3）我国工业行业 NO$_x$ 去除水平较低。2011 年 NO$_x$ 去除率为
4.8%，2012 年为 7.5%。除电力生产行业 NO$_x$ 去除率达到 10.0%外，
非金属制品、黑色冶金、化学制造、石化等 NO$_x$ 排放大户，其去除率
都低于 7.0%；非金属制品行业 NO$_x$ 排放量占工业排放量的 17.3%，
但 NO$_x$ 去除率仅为 1.8%，NO$_x$ 几乎不经处理被直接排放（图 10-10）。

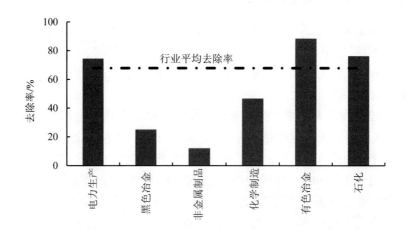

图 10-10　2012 年主要大气污染行业 NO$_x$ 去除率

（4）我国 $NO_x$ 排放量已超过 $SO_2$ 排放量，$NO_x$ 污染治理形势严峻。2012 年 $NO_x$ 的排放量为 2 337.4 万 t，超过 $SO_2$ 排放量 200 万 t；而 $NO_x$ 的削减水平（7.5%）远低于 $SO_2$ 的削减水平（67.8%）。"十二五"期间我国大气污染治理、尤其是 $NO_x$ 的治理形势仍然十分严峻。

从空间格局角度分析，山东、内蒙古、河北、山西、河南是我国 $SO_2$ 排放量最大的前 5 个省份，其 $SO_2$ 排放量占排放总量的 33.3%，$SO_2$ 去除率分别为 69.0%、68.3%、63.1%、67.7% 和 61.5%。除山东、内蒙古外，其他 3 个省份的 $SO_2$ 去除率都低于全国平均水平（67.9%）。$SO_2$ 去除率较高的省份是西藏、北京、甘肃，去除率都高于 80.0%；去除率低的省份有青海和黑龙江，其去除率都小于 50.0%，其中青海省只有 44.5%（图 10-11）。2012 年全国 $SO_2$ 去除率低于 50% 的省份较 2011 年有明显减少，各省 $SO_2$ 减排工作初见成效。

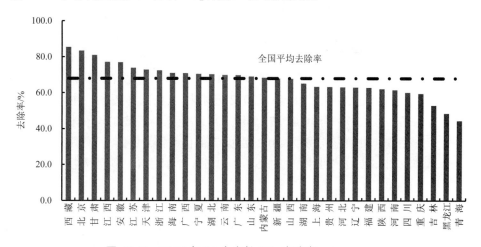

图 10-11　2012 年 31 个省份 $SO_2$ 去除率

2012 年全国单位 GDP 的 $SO_2$ 排放量为 3.7 kg/万元。31 个省份中，宁夏、贵州、山西、新疆和甘肃是单位 GDP 的 $SO_2$ 排放量最大的 5 个省份，分别为 17.4 kg/万元、15.2 kg/万元、10.7 kg/万元、10.6 kg/万元和 10.1 kg/万元；北京、西藏、上海、海南、广东等省份的单位 GDP 的 $SO_2$ 排放量较低，在 1.5 kg/万元以下，其中，北京单位 GDP 的 $SO_2$ 排放量最低，仅为 0.5 kg/万元（图 10-12）。从绩效的角度出发，控制山西等地区的 $SO_2$ 排放量有利于提高 $SO_2$ 污染排放控制绩效的整体水平。

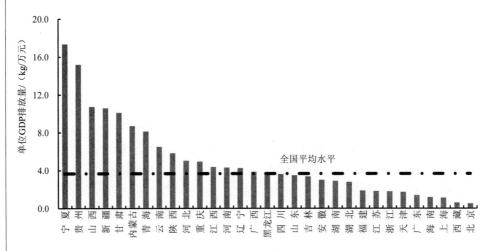

图 10-12　2012 年 31 个省份单位 GDP 的 $SO_2$ 排放量

## 10.3　固体废物排放

随着工业发展以及城镇人口和生活水平的提高,我国固体废物产生量呈逐年增加趋势。2012 年我国工业固体废物产生量为 32.9 亿 t,比 2010 年增加 37.5%,一般工业固体废物的综合利用量、贮存量和处置量分别为 20.2 亿 t、7.1 亿 t 和 6.0 亿 t,分别占一般工业固体废物产生量的 61.5%、21.5% 和 18.2%,固体废物排放量为 0.14 亿 t。

(1)工业固体废物产生量呈逐年增加趋势。我国工业固体废物产生量由 2006 年的 15.2 亿 t 上升到 2012 年的 32.9 亿 t,增加了 116.4%。

(2)综合利用是工业固体废物最主要的处理方式。一般工业固体废物的综合利用量从 2006 年的 9.3 亿 t 增加到 2012 年的 20.2 亿 t,2011 年工业固体废物综合利用率为 63.6%,2012 年为 60.8%,相比 2006 年的 58.7% 有所上升,综合利用是工业固体废物处理中增速最快的方式。危险废物的综合利用率由 2006 年的 47.6% 上升到 2012 年的 98.2%(图 10-13)。

(3)工业固体废物的排放量呈逐年下降趋势。一般工业固体废物排放量从 2006 年的 1 302.1 万 t 下降到 2011 年的 432.0 万 t,2012 年继续下降为 141.0 万 t,较 2006 年降低了 89.2%。自 2008 年我国危险废物实现了零排放。

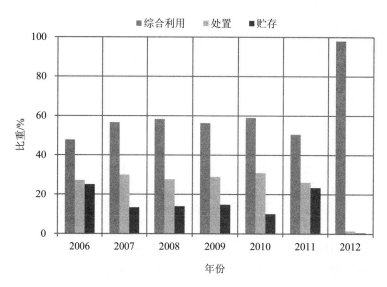

图 10-13 2006—2012 年危险废物不同处理方式的比重

（4）工业固体废物产生强度和排放强度都呈下降趋势。其中，单位 GDP 的工业固体废物产生量从 2006 年的 716.1 kg/万元下降到 2012 年的 577.0 kg/万元，排放强度从 2006 年的 6.2 kg/万元下降到 2012 年的 0.2 kg/万元（图 10-14）。物耗强度有大幅度降低，生产环节的资源利用率得到有效提高。

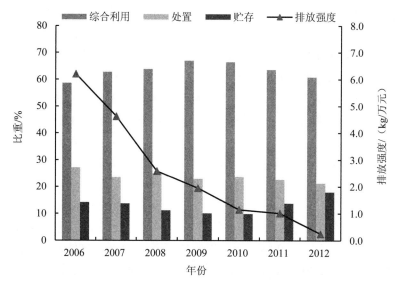

图 10-14 2006—2012 年一般工业固体废物不同处理方式的比重和排放强度

（5）黑色采选、非金属采选、煤炭采选和有色采选是工业固体废物排放的主要行业，其固体废物排放量占排放总量的 65.1%，是提高工业固体废物综合利用水平的关键。

（6）城镇生活垃圾产生量逐年上升。城镇生活垃圾产生量由 2006 年的 1.9 亿 t 上升到 2012 年的 2.3 亿 t，年均增速为 3.3%，低于人口的年均增速 1 个百分点。

（7）城镇生活垃圾的处理率提高，简易处理的比例显著下降。2006 年生活垃圾处理率为 58.2%，2011 年增加到 76.9%，2012 年有所降低，为 72.6%。其中，无害化处理率从 2006 年的 41.8%上升到 2012 年的 63.0%，简易处理率从 2006 年的 28.2%下降到 2012 年的 6.3%。

卫生填埋是目前我国生活垃圾的主要处理方式。我国城镇生活垃圾处理主要采用填埋、焚烧和堆肥等方法。卫生填埋占生活垃圾处理量的比重在 70.0%以上。不同垃圾处理方法对垃圾的成分要求不同，目前我国高水平垃圾处理能力小、处理设施技术水平较低。

（8）卫生填埋的有机物可能会发生厌氧分解，释放甲烷等温室气体；卫生填埋产生的渗滤液也有可能对地下水造成污染。加强生活垃圾卫生填埋场所的监测监管对于严防垃圾填埋对地下水的污染和温室气体排放有积极意义。

（9）强化生活垃圾分类处理，提高垃圾处理的针对性。2000—2004 年，我国开始在北京、上海等主要城市开展垃圾分类投放和处理的试点工作，随着各项宣传教育活动的开展，居民垃圾分类回收意识有所加强，但整体形势仍不容乐观。人工分类运输操作成本过高，垃圾处理技术落后，回收技术及管理水平远远落后于管理需求。

（10）城镇生活垃圾排放量年际变化明显，人均生活垃圾排放量有所下降。2006 年生活垃圾排放量为 7 859.2 万 t，2012 年下降到 7 062.3 万 t。人均生活垃圾排放量由 2006 年的 134.8 kg/人下降到 2012 年的 98.6 kg/人，人均生活垃圾排放量下降了 26.9%。

## 10.4 碳排放

全球气候变化已成为不争的事实。IPCC 第四次评估报告明确提出全球气温变暖有 90%的可能是人类活动排放温室气体形成增温效应导致的。自 20 世纪以来，世界碳排放量呈逐年增长趋势。

### 10.4.1　全球碳排放

根据欧盟 PBL NEAA 环境评估机构统计结果[1]，2012 年全世界 $CO_2$ 排放量为 345 亿 t，与 2011 年 $CO_2$ 排放量（340 亿 t）基本持平，是 2006 年排放量的 1.14 倍（图 10-15）。

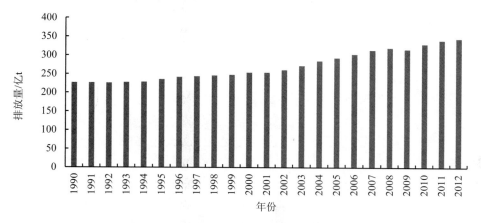

图 10-15　1990—2012 年世界 $CO_2$ 排放量

根据欧盟 PBL NEAA 环境评估机构统计结果，2012 年全世界碳排放前五名的国家依次为中国、美国、印度、日本和德国。根据该机构发布的数据结果显示，2006 年中国碳排放量首次超越美国，成为世界碳排放量第一的国家，2006—2012 年，我国 $CO_2$ 排放量从 65.1 亿 t 上升到 98.6 亿 t，增长了 51.5%（图 10-16）。

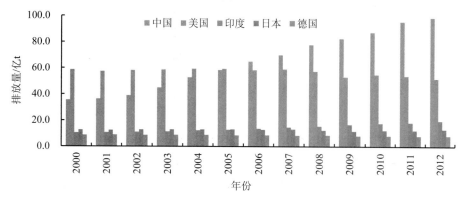

图 10-16　2000—2012 年世界主要碳排放国家 $CO_2$ 排放量

<hr />

[1]PBL Netherlands Environmental Assessment Agency. Trends in Global $CO_2$ Emission: 2013 report.

根据核算结果，2012 年我国一次能源 $CO_2$ 排放量达 79.5 亿 t，比 2011 年增长了 3.1%。我国正处于工业化中期阶段，$CO_2$ 排放量在一段时间内可能仍将呈增加趋势，$CO_2$ 减排任务仍然十分艰巨。

### 10.4.2　全国碳排放

（1）由于对化石能源的巨大需求，我国的碳排放增长迅速。"十二五"以来，我国碳排放量逐年增加，2011 年首次突破 20.0 亿 t，2012 年全国碳排放总量达到 21.7 亿 t，较 2006 年增加了 28.7%（图10-17）。

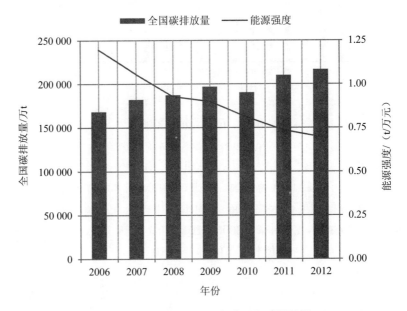

图 10-17　2006—2012 年中国的碳排放量

（2）我国能源强度总体呈下降趋势。GDP 能源强度从 2006 年的 1.20 t/万元下降到 2012 年的 0.70 t/万元，能耗强度降低了 41.7%。

（3）工业仍是我国控制碳排放增长的重点领域，生活源碳排放呈增长趋势。农业、建筑业和批发零售业的碳排放较少，占全部终端能源碳排放的 5.5% 左右，与 2011 年持平；生活能源消费的排放占 11.2%；交通运输占 8.2%。

（4）2012 年工业行业终端能源利用的碳排放占全部终端能源碳排放的 82.5%，2012 年为 73.9%。我国的碳排放主要分布在黑色冶金、化工、非金属制品、有色冶金、电力生产工业行业。5个主要行业碳排放量占工业排放总量的 64.4%（图 10-18）。

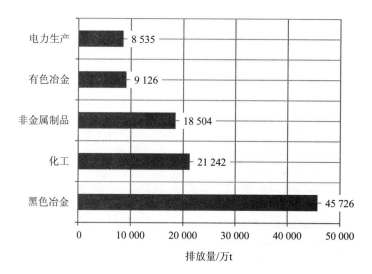

图 10-18　2012 年主要碳排放行业的碳排放量

### 10.4.3　各省碳排放

（1）2012 年我国终端能源消费的碳排放超过 21.0 亿 t，相当于 79.5 亿 $tCO_2$，碳排放的区域分布差异很大。山东、河北、江苏、广东、河南、辽宁以及内蒙古的碳排放量均在 1 亿 t 以上，7 个省份合计排放约 10.0 亿 t，占全部碳排放的 47.6%。其中以山东的碳排放量最大，约为 1.97 亿 t，占总排放量的 9.2%；海南省的碳排放最少，为 1 024.2 万 t。

（2）与 2011 年相比，2012 年我国碳排放增加了 3.2%。河北、广东、河南等 7 个省份碳排放较 2011 年有所降低；北京、福建、山东、内蒙古和辽宁增速在 2% 以内；上海、天津、贵州、四川、安徽等省份增速超过 10.0%；新疆、海南碳排放增速在 20.0% 以上。

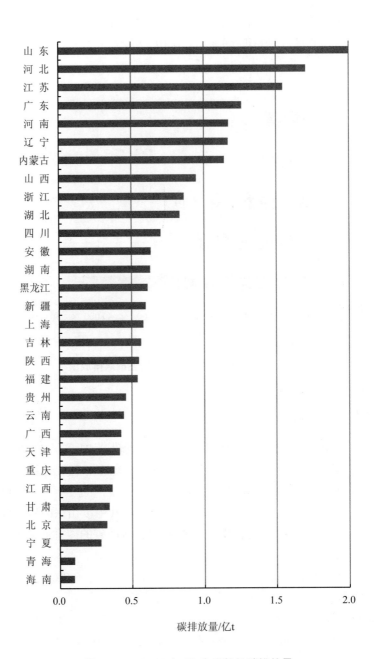

碳排放量/亿t

图 10-19　2012 年 30 个省份的碳排放量

## 第 11 章
# 环境质量账户

2006—2012 年我国环境质量有所改善，总体趋于好转，但部分指标仍有所波动。2012 年全国地表水水质持续好转，湖泊污染严重，富营养化问题突出，近岸海域水质一般。2012 年，重点城市环境空气质量显著改善，环境保护重点城市总体平均的二氧化硫和可吸入颗粒物质量浓度与上年相比略有下降，二氧化氮年均质量浓度与上年持平。

## 11.1  环境质量

从能够基本反映我国环境质量状况、具有比较连续监测数据的环境指标中选取具有代表性的指标，建立环境质量账户，除直接反映环境质量指标外，还反映治理水平，从治理层面体现环境质量变动原因。表 11-1 为我国的环境质量变化趋势，数据反映我国近年来环境质量有所改善，总体趋于好转，但部分指标仍有所波动。

表 11-1  环境质量账户变化趋势　　　　　单位：%

| | 指标 | 1998年 | 2006年 | 2007年 | 2008年 | 2009年 | 2010年 | 2011年 | 2012年 |
|---|---|---|---|---|---|---|---|---|---|
| 水环境 | 全国地表水监测断面劣于Ⅴ类的比例/% | 37.7 | 26.0 | 23.6 | 20.8 | 20.6 | 16.4 | 13.7 | 10.2 |
| | 近岸海域水质监测点位劣于四类的比例/% | 31.5 | 17.0 | 18.3 | 12.0 | 14.4 | 18.5 | 16.9 | 18.6 |
| | 工业废水 COD 去除率/% | 48.3 | 60.3 | 66.2 | 68.8 | 75.0 | 79.8 | 90.62 | 86.87 |
| | 城市污水处理率/% | 29.6 | 55.7 | 62.9 | 70.3 | 75.25 | 82.3 | 83.6 | 87.3 |

| 指标 | | 1998年 | 2006年 | 2007年 | 2008年 | 2009年 | 2010年 | 2011年 | 2012年 |
|---|---|---|---|---|---|---|---|---|---|
| 大气环境 | 优于二级以上城市的比例/% | 27.6 | 56.6 | 69.8 | 76.8 | 79.2 | 82.8 | 89.0 | 91.4 |
| | 经人口加权的城市 $PM_{10}$ 质量浓度/（$mg/m^3$） | — | 0.099 | 0.088 | 0.085 | 0.082 | 0.085 | 0.081 | 0.083 |
| | 工业废气二氧化硫（$SO_2$）去除率/% | 18.1[1] | 37.4[2] | 44.1[2] | 53.4[2] | 60.6 | 64.4 | 67.7 | 68.9 |
| | 工业废气氮氧化物（$NO_x$）去除率[2]/% | — | 2.0 | 6.52 | 5.44 | 5 | 4.8 | 4.9 | 6.8 |
| 固体废物 | 工业固体废物综合利用率[2] | 41.7 | 60.9 | 62.8 | 64.3 | 67.8 | 67.1 | 62.0 | 64.0 |
| | 城镇生活垃圾无害化处理率/% | 60 | 41.8 | 49.1 | 51.9 | 54.7 | 57.3 | 79.8 | 84.8 |
| 声环境 | 区域声环境质量高于较好水平城市占省控以上城市比例/% | — | 68.8 | 72.0 | 71.7 | 76.1 | 73.7 | 77.9 | 79.4 |

注：1）1999 年数据；2）中国环境经济核算结果。

数据来源：中国环境统计年报、中国环境状况公报和中国城市建设统计年鉴。

## 11.2 水环境

### 11.2.1 地表水水质

（1）全国地表水水质持续好转。2012 年，地表水总体为轻度污染，在 469 个地表水国控监测断面中，劣 V 类水质断面比例为 10.2%，主要污染指标为化学需氧量、五日生化需氧量和高锰酸钾指数。I～III 类水质断面比例为 68.9%，较 2011 年提高了 7.9 个百分点，较 2006 年提高了 22.9 个百分点；劣 V 类水质断面比例较 2006 年下降了 15.8 个百分点（图 11-1）。

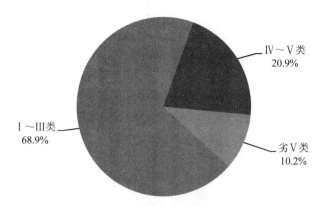

图 11-1　2012 年不同水质比例

（2）全国地表水国控断面高锰酸盐指数年平均质量浓度呈逐年下降趋势。2012 年，全国 907 个地表水国控断面高锰酸盐指数和氨氮月均值分别为 3.86 mg/L 和 1.04 mg/L，同比下降 5.6 个百分点和 6.3 个百分点（图 11-2）。

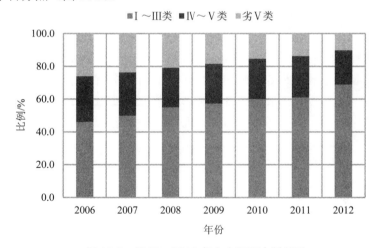

图 11-2　2006—2012 年七大江河水质状况

值得注意的是，部分国控断面出现重金属超标现象，西南诸河、海河、长江、黄河等水系共有 40 个断面出现铅、汞等重金属超标现象。

（3）我国湖泊污染严重，富营养化问题突出。2012 年，28 个湖泊中，中营养状态、轻度富营养状态和中度富营养状态的湖泊（水库）比例分别为 57.1%、25.0% 和 10.7%（图 11-3）。其中，滇池、达赉湖和白洋淀湖体为中度富营养化。

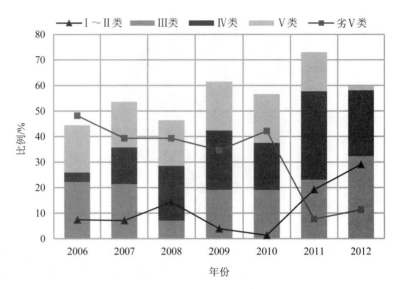

图 11-3　2006—2012 年湖泊（水库）水质状况

### 11.2.2　近海海域水质

2012 年，中国海洋环境质量状况总体较好，近岸海域水质一般。一、二类海水比例为 69.4%，较 2011 年增加 6.6 个百分点，水质基本稳定。三、四类海水比例为 12.0%，下降 8.3 个百分点；劣四类海水比例为 18.6%，主要污染指标为无机氮和活性磷酸盐（图 11-4）。

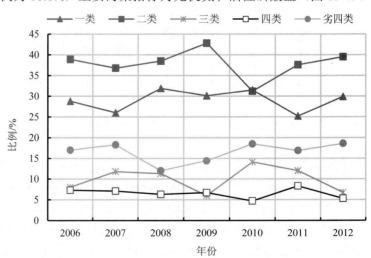

图 11-4　2006—2012 年近岸海域水质

9 个重要海湾中，黄河口水质优，北部湾水质良好，胶州湾、辽东湾和闽江口水质差，渤海湾、长江口、杭州湾和珠江口水质极差。

### 11.2.3　经济发展与水资源短缺

我国水环境质量不容乐观，水质改善缓慢，究其原因，主要在于以下几个方面：

（1）水资源总量基本维持平衡，用水总量逐年上升，污染物排放总量高。近年来，水资源总量基本维持平衡，但是随着人口和经济发展压力的日趋加剧，总用水量呈现增长态势。

（2）部分流域水资源开发利用率过高。2012 年全国水资源开发利用率为 20.8%；十大水系中淮河区、海河区水资源开发利用率超过 80.0%；黄河区、西北诸河区水资源开发利用率约为 50.0%（图 11-5）。

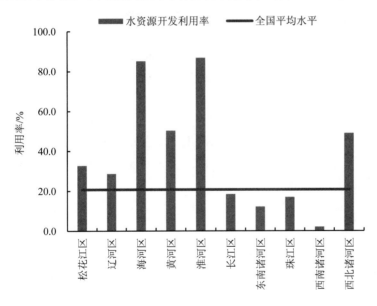

**图 11-5　水资源开发利用率**

（3）农业化肥施用量节节攀升，单位面积化肥施用量增长迅速。2012 年，单位面积化肥施用量达到 688 kg/hm²，较 2011 年增加 42.1%，是国际化肥施用上限（225 kg/hm²）的 3.1 倍（图 11-6）。农业面源污染加剧了地表水环境污染问题。

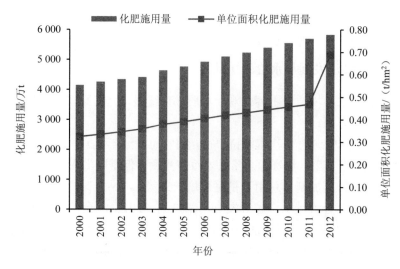

图 11-6　2000—2012 年化肥施用量

（4）饮用水安全仍未得到有效保障。我国城镇饮用水水源地及供水系统污染事故频发，一些农村地区饮用水存在苦咸或含高氟、高砷、血吸虫病原体等问题，对人民群众身体健康构成严重威胁。2013 年，全国仍有近 1/5 的城镇集中式饮用水水源水质不达标。10.1%的城镇集中式地下水饮用水水源水质不达标，455.9 万城镇居民饮用水水源存在安全隐患；农村仍有 1.1 亿多农民和 1 535.0 万农村学校师生存在饮用水不安全问题。

（5）地下水水质污染防治形势严峻。2013 年，地下水环境质量监测点总数为 4 778 个，其中水质较差的监测点比例为 43.9%，极差的监测点比例为 15.7%。主要超标指标为总硬度、铁、锰、溶解性总固体、"三氮"（亚硝酸盐、硝酸盐和氨氮）、硫酸盐、氟化物、氯化物等。

（6）重污染行业 COD 去除率低，工业废水污染治理效率低下。造纸、饮料制造、农副食品加工及化学制造是工业 COD 排放量大的行业，其 COD 排放量占排放总量的 62.2%。4 个行业中，COD 去除率最高的为造纸业，达 71.0%；农副食品加工业废水 COD 去除率最低，仅为 45.5%（图 11-7）。

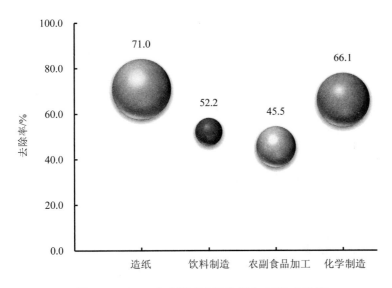

图 11-7　2012 年主要废水排放行业 COD 去除率

（7）工业废水处理设施正常运转率低，部分企业存在违法违规行为。部分工业企业单位产值工业用水量远高于行业平均水平，存在企业低报用水量等问题。废水处理设施运转不正常、超标直排、违法偷排等现象也屡有发生，导致工业废水实际处理情况仍不容乐观。

## 11.3　大气环境

（1）重点城市环境空气质量显著改善。主要污染物浓度稳中有降，达标城市比例呈攀升态势，劣三级空气质量城市由 21 世纪初的 9.1%下降到 2012 年的 1.5%（图 11-8）。

（2）2012 年，全国城市空气质量总体稳定。全国开展的环境空气质量城市监测中，3.4%的城市达到一级标准，88.0%的城市达到二级标准，7.1%的城市达到三级标准，1.5%的城市劣于三级标准，与 2011 年相比，空气质量总体稳定。

2012 年，环境保护重点城市总体平均 $SO_2$ 和可吸入颗粒物质量浓度与 2011 年相比略有下降，二氧化氮年均质量浓度与 2011 年持平。2012 年环保重点城市环境空气质量达标城市比例为 88.5%，与 2011 年相比上升 4.4 个百分点。

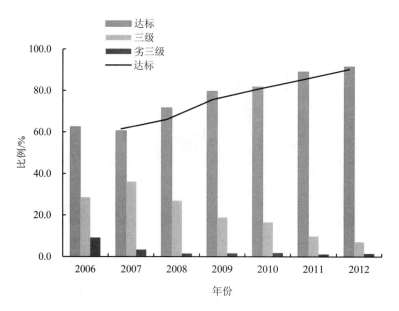

图 11-8　2006—2012 年不同级别空气质量城市的比例变化情况

（3）我国大气环境质量呈现自南向北逐步趋差的空间格局。2012年，我国南方地区城市 $PM_{10}$ 平均质量浓度为 0.066 mg/m$^3$，北方地区城市 $PM_{10}$ 平均质量浓度为 0.084 mg/m$^3$，南方地区空气质量优于北方地区（图 11-9，图 11-10）。2012 年地级以上城市中，$PM_{10}$ 没有达到国家新二级标准的城市数量为 186 个，占地级以上城市数量的57.2%。

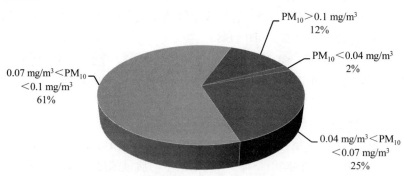

图 11-9　2012 年我国北方城市不同 $PM_{10}$ 质量浓度水平比例

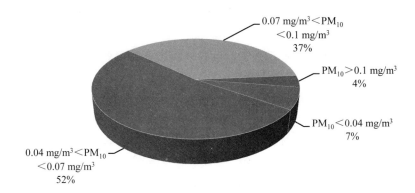

图 11-10　2012 年我国南方城市不同 $PM_{10}$ 质量浓度水平比例

（4）与人体健康关系较大的指标 $PM_{10}$ 年均质量浓度距离世界卫生组织推荐的健康阈值 0.015 mg/m³ 差距明显。2011 年，经人口加权后的 $PM_{10}$ 年均质量浓度为 0.081 mg/m³，2012 年小幅上升到 0.083 mg/m³（图 11-11）。全国 $PM_{10}$ 仅 3.9%左右城市达到一级标准，与 2009 年相比有所下降。

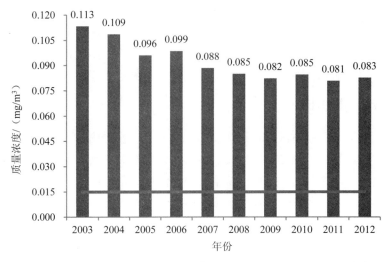

图 11-11　2003—2012 年经人口加权的全国平均城市 $PM_{10}$ 质量浓度

二氧化硫和颗粒物污染问题尚未得到根本解决的同时，以 $PM_{2.5}$ 和臭氧为代表的二次污染日趋严重。高密度人口的经济及社会活动排放了大量 $PM_{2.5}$，在静稳天气的影响之下，全国多个城市出现"雾霾"天气，公众对大气环境质量的关注持续上升，大气污染控制面临着严峻挑战。

我国大气环境质量不容乐观，污染有加重趋势，究其原因，主要在于以下几个方面：

> 以煤为主的能源消费结构是我国大气污染严重的重要原因。作为一次能源消费的主要来源，煤在燃烧过程中释放出二氧化硫、颗粒物等多种大气污染物。目前，我国煤炭入洗率为22%，动力煤洗选厂的洗选设备利用率仅为69%，洗煤能力远落后于实际需要。此外，工业锅炉热效率低下、燃料利用率偏低、采暖季主要依靠煤等传统燃料燃烧等因素也是造成大气污染的重要原因。转变能源消费结构、提高能源利用率是从源头控制大气污染的唯一出路。

> 污染治理能力满足不了经济发展需求。部分地区在经济发展的过程中，只考虑短期经济利益，制定综合经济政策、产业政策及城市建设发展规划过程中缺乏对大气环境保护的考虑，以牺牲环境为代价换取经济的快速发展。

> 大气污染防治投入不足，治理水平和治理效率尚待提升。我国工业大气污染防治整体水平较低，技术改造难度大，污染欠账多。未按照规定配套建设大气污染治理设施、设施设计处理能力低于实际需要、治理设施运行管理维护水平低下等情况屡见不鲜。技术改造、污染防治工作还有很长的路要走。

## 11.4　声环境

（1）全国城市区域声环境质量总体较好。2012 年，316 个监测了区域环境噪声的城市中，城市区域声环境质量较好（二级）以上的城市共有 251 个，占 79.4%；城市区域声环境质量一般（三级）的城市共 64 个，占 20.3%；城市区域声环境治理差（四级及以下）的城市仅 1 个，占 0.3%（图 11-12）。

（2）全国城市道路交通昼间声环境质量总体良好。2012 年，在 316 个监测城市道路交通昼间声环境质量城市中，没有城市道路交通噪声强度等级低于四级；其中强度等级为一级的城市有 237 个，占 75.0%；二级城市 73 个，占 23.1%；仅 6 个城市道路交通噪声强度为三级（图 11-13）。

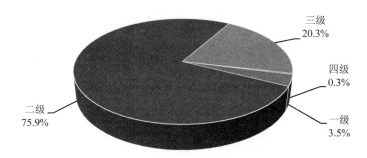

图 11-12　2012 年我国城市区域昼间声环境质量分布比例

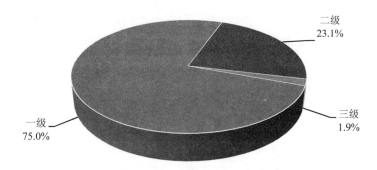

图 11-13　2012 年我国城市道路交通昼间声环境质量分布比例

（3）2012 年全国噪声治理投资总计 1.2 亿元。2012 年全国工业污染噪声治理施工项目和竣工项目分别为 105 个和 113 个；噪声治理投资总计 1.2 亿元，较 2011 年（2.2 亿元）下降了 45.5%

（4）2012 年我国环境噪声投诉占环境投诉总数的比例为 42.1%，回复率为 100.0%。在各类噪声污染投诉中，生活噪声投诉超过 1/2；施工噪声占 1/4。

# 第 12 章
# 环境保护支出账户

环境保护支出包括工业污染源治理、与城市环境建设直接相关的用于形成固定资产的资金投入、治理设施运行费用以及各级政府环境管理方面的支出。其中,各级政府环境管理方面投入的数据获取困难,本报告的环保支出只包括环境污染治理投资、环境保护运行及相关税费两部分。根据目前环境保护投资的统计口径,环境污染治理投资主要包括3个方面:①城市环境基础设施建设投资;②工业污染源治理投资;③建设项目"三同时"环境保护投资。环境保护运行及相关税费是指进行环境保护活动或维持污染治理运行所发生的经常性费用,包括设备折旧、能源消耗、设备维修、人员工资、管理费、药剂费及设施运行有关的其他费用,以及企业交纳的环境保护税费。

## 12.1 环境保护支出

2012 年环境保护支出共计 1 468.6 亿元,较 2011 年增加了 24.4%,约为 2006 年的 5.8 倍。2012 年 GDP 环保支出指数为 2.8%,较 2011 年提高了 0.3 个百分点,是 2006 年 GDP 环保支出指数的 2.3 倍。其中,环境污染治理投资为 8 253.6 亿元,占环境保护支出总资金的 56.3%,较 2011 年增加了 5.3 个百分点;环境保护运行费用 5 301.7 亿元,占总环境保护支出的 36.2%,较 2011 年下降了 5.9 个百分点(表 12-1)。

在 2012 年的环境保护运行及相关税费中,环境保护税费为 1 093.3 亿元,占总运行及相关税费的 17.1%。

因生产活动而支出的污染治理设施运行费用,即内部环境保护支出为 4 472.5 亿元,是外部环境保护活动的 5.4 倍。内部环境保护总支出中约 59.5%的支出用于第二产业环境保护设施的运行维护。

102

表 12-1　2012 年按活动主体分的环境保护支出核算表　单位：亿元

| 核算对象 | | 外部环境保护 | | | | 内部环境保护 | | | | 合计 |
|---|---|---|---|---|---|---|---|---|---|---|
| | | 城市污水处理 | 城市垃圾处理 | 废气及其他 | 小计 | 第一产业 | 第二产业 | 第三产业 | 小计 | |
| 运行费用与相关税费 | 运行费用 | 229.7 | 165.9 | 433.6 | 829.2 | 603.4 | 2 660.3 | 1 208.8 | 4 472.5 | 5 301.7 |
| | 资源税 | 904.4 | | | | | | | | 904.4 |
| | 排污费 | 188.9 | | | | | | | | 188.9 |
| 环境污染治理投资 | | 5 062.7 | | | | 3 190.9 | | | | 8 253.6 |
| 环境保护支出总计 | | 14 648.6 | | | | | | | | |

注：（1）按活动主体分的中间消耗和工资等运行费的数据根据核算得到；

　　（2）资源税和排污费数据仅列出合计数据；

　　（3）外部环境保护的投资性支出数据为环境统计年报中的城市环境基础设施建设投资，内部环境保护的投资性支出数据为环境统计年报中的工业污染源治理投资和建设项目"三同时"环保投资之和。

## 12.2　环境污染治理投资和运行费用

（1）"十二五"环境保护投资规划需求预期超过 3.4 万亿元。根据《国家环境保护"十二五"规划》，全国"十二五"期间环保投资预期为 3.4 万亿元，预期拉动 GDP 为 4.34 万亿元。按照年均 15%增长速度计，到 2015 年我国环保产业产值将达到 4.92 万亿元。

（2）2012 年环境污染治理投资增长迅速，投资总额较 2011 年增加了 37.0%。2012 年环境污染治理投资为 8 253.6 亿元，2011 年环境污染治理投资为 6 026.2 亿元，增速较快。其中，工业污染治理投资额较 2011 年增加了 12.6%，建设项目"三同时"环保投资增加了 27.4%。

（3）环境污染治理投资占 GDP 的比重仍然较低。2000 年开始，我国环境污染治理投资占 GDP 的比重达到 1.0%以上；之后环境污染治理投资占 GDP 的比重有所起伏，2010 年，我国环境保护投资占 GDP 的比重首次超过了 1.5%，2011 年又回落到 1.3%，2012 年占比又略有回升，总体来看，我国环境污染治理投资占 GDP 的比重仍然较低（图 12-1）。

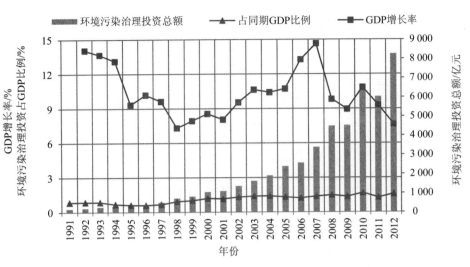

图 12-1　1991—2012 年中国环境保护投资状况

（4）随着环境污染治理投入的增长，环境污染治理能力和环保设施的治理运行费用不断提高。根据核算结果，2012 年环境污染实际治理成本共计 5 301.7 亿元，较 2011 年增长了 6.4%，是 2006 年实际治理成本的 2.9 倍。其中，废水治理成本 1 619.4 亿元、废气治理成本 3 102.8 亿元、固体废物治理成本 579.6 亿元，工业固体废物污染治理实际成本为 413.7 亿元。

（5）废气治理能力较废水增长显著。根据统计，工业废气处理能力从 2006 年的 80 亿 m³/h 提高到 2012 年的 164.9 亿 m³/h，增加了 106.1%；工业废水治理能力从 19 553 万 t/d 上升到 2012 年的 26 620 万 t/d，增加了 36.1%；与此相对应，废气治理设施运行费用占比持续增长，从 2006 年的 48.1% 上升到 2012 年的 55.4%；废水治理设施运行费用占比持续降低，从 2006 年的 50.7% 下降到 2012 年的 38.7%。根据核算结果，目前工业废水处理水平仍然较低，重气轻水的问题应该引起重视（图 12-2）。

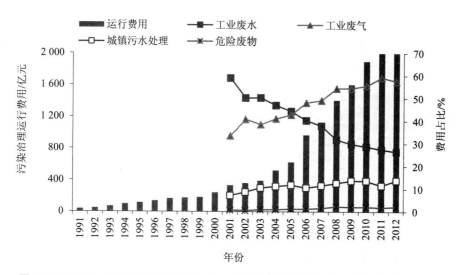

图 12-2    1991—2012 年我国工业废水、废气治理设施和城市污水处理设施
运行费用

污染治理成本分为实际污染治理成本和虚拟污染治理成本。污染实际治理成本是指目前已经发生的治理成本，实际治理成本核算在理论上比较简单，为污染物处理实物量与污染物单位治理成本的乘积。虚拟治理成本是指将目前排放至环境中的污染物全部处理所需要的成本，计算方法与实际治理成本相同，利用实物量核算得到的排放数据与污染物单位治理成本的乘积计算。2012 年，我国虚拟治理成本为 6 888.2 亿元，增速低于实际治理成本的增速。但虚拟治理成本绝对量仍然大于实际治理成本，说明污染治理缺口仍较大。

## 13.1 治理成本核算

我国环境污染实际治理成本从 2006 年的 1 830.4 亿元上升到 2012 年的 5 301.7 亿元，增加了 1.9 倍，从一定程度上说明我国环境污染治理成效显著。2012 年，我国虚拟治理成本为 6 888.2 亿元，相对 2006 年增加了 67.5%，增速低于实际治理成本的增速。但虚拟治理成本绝对量仍然大于实际治理成本（约为其 1.3 倍），说明污染治理缺口仍较大。

（1）大气和水污染治理缺口较大。2011 年我国废水虚拟治理成本为 2 205.9 亿元，2012 年为 2 097.1 亿元，是实际治理成本的 1.3 倍。2011 年废气虚拟治理成本为 4 197.1 亿元[①]，2012 年为 4 464.4 亿元，是实际治理成本的 1.4 倍。2011 年固体废物的虚拟治理成本为 325.6 亿元，2012 年为 326.7 亿元，是实际治理成本的 60%。

（2）$NO_x$ 治理严重不足。2012 年废气虚拟治理成本中 $NO_x$ 的虚拟治理成本为 3 089.0 亿元，占废气虚拟治理总成本的 83.1%。其中，

---

① 交通源 $NO_x$ 治理成本高是废气虚拟治理成本高的主要原因。

交通源的 NO$_x$ 虚拟治理成本为 2 415.7 亿元，占废气虚拟治理总成本的 78.2%。

（3）固体废物污染实际治理成本已超过虚拟治理成本。固体废物污染的实际治理成本较 2011 年有所回落，下降了 3.6 个百分点。2012 年固体废物治理实际成本为 579.6 亿元，是 2006 年 195.1 亿元的 3.0 倍，我国固体废物污染治理投入近些年增长较快。

（4）我国水污染和大气污染治理缺口相对较大。2012 年，废水实际治理成本为 1 619.4 亿元，虚拟治理成本为 2 097.1 亿元；废气实际治理成本为 3 102.8 亿元，虚拟治理成本为 4 464.4 亿元。根据 2000 年美国 EPA 测算，大气污染治理成本占 GNP 的 0.77%，水污染治理成本占 GNP 的 1.13%[1]（图 13-1）。

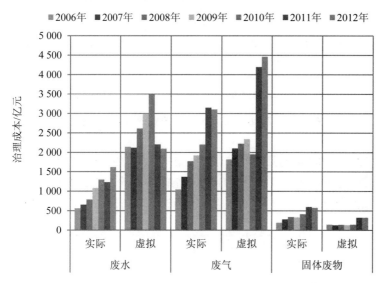

图 13-1　2006—2012 年废水、废气和固体废物污染治理成本

### 13.1.1　行业治理成本分析

（1）第一和第二产业污染物治理投入加大，污染治理初见成效，第三产业和生活污染治理缺口巨大。2012 年，第一产业、第二产业、第三产业和生活的合计污染治理成本分别为 939.6 亿元、4 852.1 亿元、6 398.1 亿元。其中，第一产业、第二产业、第三产业和生活的虚拟

---

[1]http://yosemite.epa.gov/ee/epa/eerm.nsf/vwAN/EE-0294A-1.pdf/$file/EE-0294A-1.pdf.

治理成本分别为 336.2 亿元、2 191.8 亿元、4 330.1 亿元，分别是其实际治理成本的 55.7%、82.4%、213.9%（图 13-2）。

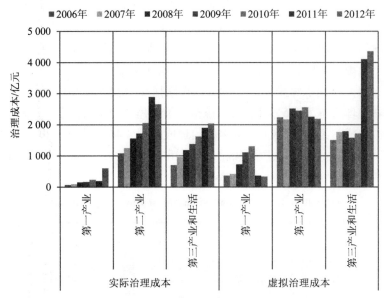

**图 13-2　2006—2012 年不同产业的污染治理成本**

（2）我国环境污染治理重点主要集中在电力生产、非金属制品、黑色冶金、农副食品加工、化学制造、造纸等 10 个行业。2012 年，这 10 个行业的污染治理成本占治理总成本的比重达到 81.1%（图 13-3）。

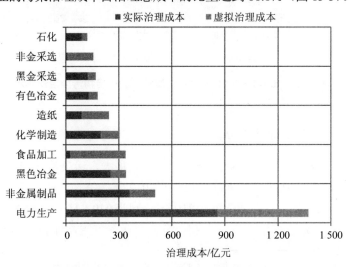

**图 13-3　2012 年主要污染行业的治理成本**

非金属矿采选业和农副食品加工业等污染大户的治理欠账严重。两个行业虚拟治理成本分别是实际治理成本的 17.7 倍和 13.5 倍，加大重点行业污染治理投入迫在眉睫。

（3）电力生产是污染治理成本最高的行业。2012 年，电力生产的实际治理成本为 858.3 亿元，比 2011 年（947.0 亿元）减少 9.4%，虚拟治理成本为 512.9 亿元，比 2011 年（556.3 亿元）减少了 7.8%。电力生产行业实际治理成本远高于其他行业。电力生产行业的脱硫能力近些年大幅提高，但由于氮氧化物的治理水平仍然较低，其虚拟治理成本仍然处于高位。

（4）在水污染的主要排放行业中，化学制造、电力生产和医药行业的实际治理成本大于虚拟治理成本，农副食品加工、造纸等行业实际治理成本都小于虚拟治理成本（图 13-4）。

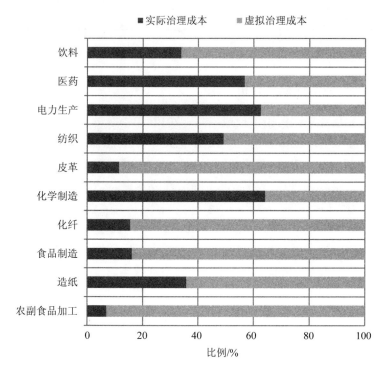

图 13-4　2012 年主要水污染行业不同治理成本比例

**专栏 13.1　环境污染治理成本核算**

　　污染治理成本法核算的环境价值包括两部分：一是环境污染实际治理成本，二是环境污染虚拟治理成本。

　　实际治理成本是指目前已经发生的治理成本，包括畜禽养殖、工业和集中式污染治理设施实际运行发生的成本。其中，工业废水、废气和城镇生活污水的实际污染治理成本采用统计数据，畜禽废水、工业固体废物、城市生活垃圾和生活废气的实际治理成本利用模型计算获得。

　　虚拟治理成本是指目前排放到环境中的污染物按照现行的治理技术和水平全部治理所需要的支出。治理成本法核算虚拟治理成本的思路：假设所有污染物都得到治理，则当年的环境退化不会发生。从数值上看，虚拟治理成本可以认为是环境退化价值的下限核算。治理成本按部门和地区进行核算。

### 13.1.2　区域治理成本分析

　　（1）东部地区污染治理成本高。2012 年，东部地区的实际治理成本和虚拟治理成本分别为 2 827.2 亿元和 3 289.6 亿元，中部地区为 1 238.5 亿元和 1 766.0 亿元，西部地区为 1 239.6 亿元和 1 832.6 亿元。东部地区实际治理成本最高，实际治理成本占总治理成本的比重为 46.2%（图 13-5）。

　　（2）中部地区实际治理成本较 2011 年有所下降，污染治理欠账仍维持在较高水平。2012 年中部地区实际治理成本较 2011 年降低了 10.6%，中部地区虚拟治理成本是实际治理成本的 1.4 倍。

　　（3）2012 年西部地区实际治理成本较 2011 年增长了 19.8%，但西部地区的污染治理缺口仍然较大。西部地区虚拟治理成本是实际治理成本的 1.5 倍。

　　（4）山东、江苏、河北、广东、浙江位列总治理成本的前 5 位。2012 年这 5 个省份的污染治理成本合计 4 457.1 亿元，占总污染治理成本的 36.6%，其中，实际治理成本占治理总成本的 43.9%。西藏、海南、宁夏、青海、贵州是污染治理成本最低的 5 个省份，其合计污染治理成本为 526.7 亿元，占污染治理总成本的 4.3%。青海是污染治理成本缺口最大的省份，其虚拟治理成本是实际治理成本的 5.2 倍，污染治理投入需进一步加大（图 13-6）。

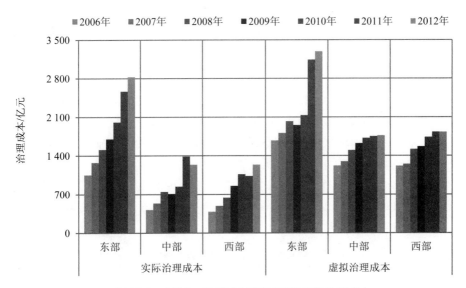

图 13-5 2006—2012 年不同区域的污染治理成本

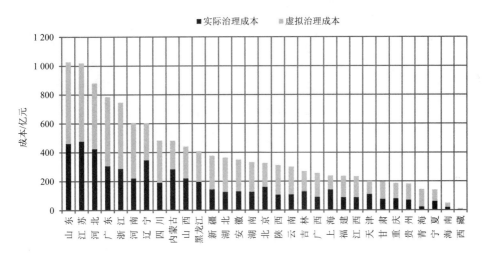

图 13-6 2012 年 31 个省份的实际治理成本和虚拟治理成本

### 13.1.3　产业和行业污染扣减指数对比

（1）2012 年 GDP 污染扣减指数为 1.33%。2012 年，我国行业合计 GDP（生产法）为 51.9 万亿元。虚拟治理成本为 6 888.2 亿元，虚拟治理成本占全国 GDP 的比例约为 1.33%，与 2011 年相比下降了 0.08 个百分点。

（2）第三产业污染扣减指数大。2012 年，第一产业虚拟治理成本为 336.2 亿元，扣减指数为 0.64%；第二产业虚拟治理成本为 2 191.8 亿元，扣减指数为 0.93%；由于采用环境统计中的交通 $NO_x$ 排放量数据，且交通现采用更为严格的排放标准，导致第三产业虚拟治理成本相对较高，为 4 360.2 亿元，扣减指数为 1.88%（图 13-7）。

（3）不同行业的污染扣减指数有所下降。2012 年第二产业的污染扣减指数较 2011 年下降了 0.03 个百分点，第一产业和第三产业污染扣减指数分别下降了 0.12 个和 0.07 个百分点。

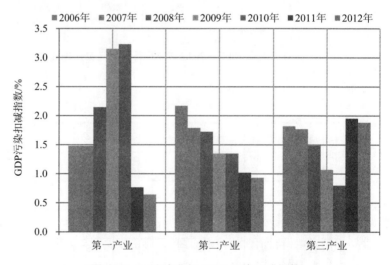

图 13-7　三次产业的 GDP 污染扣减指数

## 13.2　GDP 污染扣减指数

（1）东部、中部、西部三大地区污染扣减指数均有下降。东部地区污染扣减指数较 2011 年降低了 4 个百分点；中部地区污染扣减指数较 2011 年降低了 13 个百分点；西部地区污染扣减指数较 2011 年降低了 22 个百分点。

（2）西部地区的污染扣减指数高于中部地区和东部地区。2012年，西部地区的污染扣减指数为 1.61%，中部地区为 1.24%，东部地区为 1.03%，说明西部地区的污染治理投入需求相对其经济总量较中东部地区更大，需要给予西部地区更多的环境投入财政政策优惠（图 13-8）。

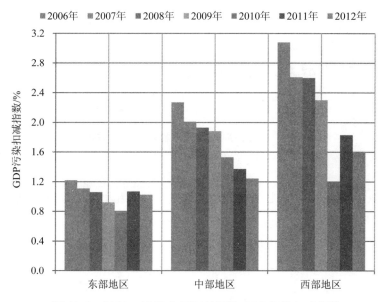

图 13-8　2006—2012 年不同地区的 GDP 污染扣减指数

具体分析 31 个省份的 GDP 污染扣减指数发现，污染扣减指数小的地区是上海（0.48%）、天津（0.70%）、福建（0.75%）、广东（0.84%）和湖南（0.92%）。与 2011 年相比，这些地区的污染扣减指数都有不同程度的减少。这些东部省份的虚拟治理成本绝对量相对较高，但因其经济总量大，使其污染扣减指数相对较低。青海（6.41%）、宁夏（3.40%）、新疆（3.10%）、甘肃（2.13%）等省份的污染扣减指数相对较高（图 13-9）。

（3）非金属矿采选、皮革、电力、农副食品加工和造纸业是污染扣减指数最高的 5 个行业。2012 年，这 5 个行业的污染扣减指数分别为 17.70%、5.86%、5.86%、4.41% 和 4.05%。

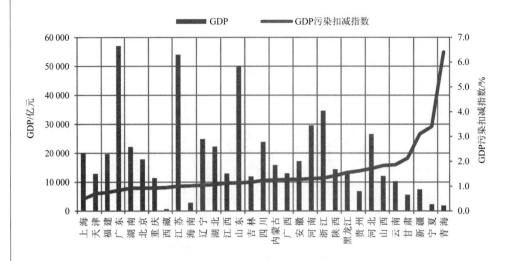

图 13-9　31 个省份的 GDP 及其污染扣减指数

（4）污染扣减指数最低的行业是烟草业，其扣减指数为 0.022%；其次为通用设备制造业、汽车制造业和电器制造业，扣减指数分别为 0.028%、0.035%、0.048%（图 13-10）。

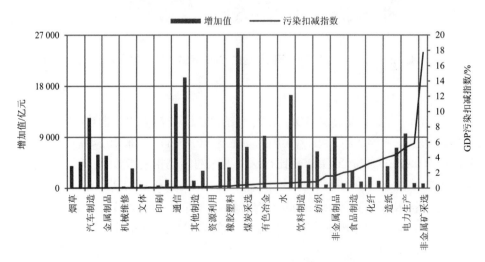

图 13-10　工业行业增加值及其污染扣减指数

<br/>

## 第 14 章
# 环境退化成本核算账户

环境退化成本又称污染损失成本，它是指在目前的治理水平下，在生产和消费过程中所排放的污染物对环境功能、人体健康、作物产量等造成的实际损害，利用人力资本法、直接市场价值法、替代费用法等环境价值评价方法评估计算得出的环境退化价值。与治理成本法相比，基于损害的污染损失评估方法更具合理性，是对污染损失更加科学和客观的评价。环境退化成本仅按地区核算。

在本核算体系框架下，环境退化成本按污染介质来分，包括大气污染、水污染和固体废物污染造成的经济损失；按污染危害终端来分，包括人体健康经济损失、工农业（工业、种植业、林牧渔业）生产经济损失、水资源经济损失、材料经济损失、土地占用丧失生产力引起的经济损失和对生活造成影响的经济损失。

## 14.1 水环境退化成本

2006—2012 年，我国水环境退化成本逐年增加，年均增速为8.7%。其中，2006 年水环境退化成本为 3 387.0 亿元，2012 年为6 064.9 亿元（图 14-1），占环境退化总成本的 45.4%。因水环境退化成本的增速小于 GDP 增速，所以 GDP 水环境退化指数呈下降趋势。2006 年为 1.47%，2012 年为 1.10%。

在水环境退化成本中，污染型缺水造成的损失最大。根据核算结果，2012 年全国污染型缺水量达到 699.7 亿 $m^3$，占 2012 年供水总量的 11.4%，污染已经成为我国缺水的主要原因之一，对我国的水环境安全构成严重威胁，成为制约经济发展的一大要素。"十一五"和"十二五"头两年，污染型缺水造成的损失呈小幅上升趋势。2006 年为 1 923 亿元，占水环境退化成本的 56.8%；2010 年为 2 541.5 亿元，占比为 55%；2012 年为 3 587.7 亿元，占比为 59.1%。其次为水污染

对农业生产造成的损失，2012 年为 1 088.7 亿元，比 2006 年增加
123.8%（图 14-2）。2012 年水污染造成的城市生活用水额外治理和防
护成本为 532.3 亿元，工业用水额外治理成本为 470.1 亿元，农村居
民健康损失为 386.1 亿元，分别比 2006 年增加 36.8%、24.8%、83.3%。

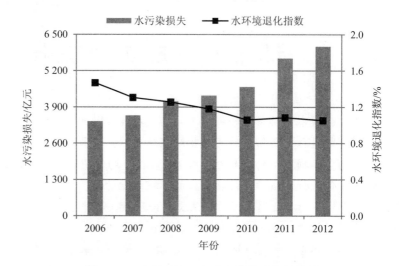

图 14-1　2006—2012 年水污染损失核算结果

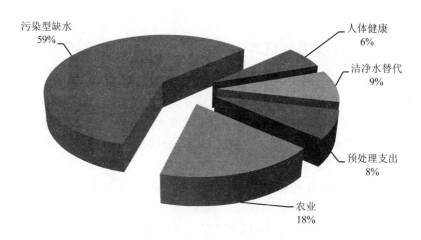

图 14-2　各种水污染损失占总水污染损失比重

2012 年，东部、中部、西部 3 个地区的水环境退化成本分别为
3 298.9 亿元、1 325.7 亿元、1 440.4 亿元，分别比 2011 年增加 10.4%、

−1.1%、9.4%。东部地区的水环境退化成本最高，约占水污染环境退化成本的 54.4%，占东部地区 GDP 的 1.03%；中部和西部地区的水环境退化成本分别占水污染环境退化成本的 21.8%和 23.7%，占地区 GDP 的 0.93%和 1.26%。

## 14.2　大气环境退化成本

　　我国大气环境退化成本呈快速增长趋势。2006 年大气污染环境退化成本为 3 051.0 亿元，2007 年为 3 680.6 亿元，2008 年为 4 725.6 亿元，2009 年为 5 197.6 亿元，2010 年为 6 183.5 亿元，2011 年为 6 506.1 亿元；2012 年为 6 750.4 亿元，占总环境退化成本的 51.0%。"十一五"期间，GDP 大气环境退化指数在 1.5%～1.7%之间波动，"十二五"的头两年，GDP 大气环境退化指数呈下降趋势，2012 年为 1.2%（图 14-3）。

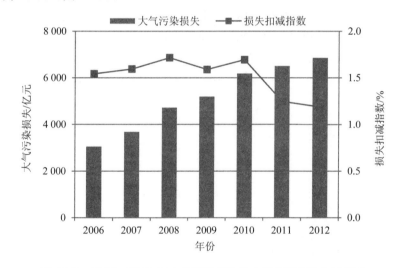

**图 14-3　2006—2012 年大气污染损失及大气污染损失扣减指数**

　　在大气污染造成的各项损失中，健康损失最大。根据美国健康效应研究所（HEI）研究，$PM_{2.5}$ 已成为影响中国公众健康的第四大危险因素。HEI 的研究表明，2010 年室外 $PM_{2.5}$ 污染导致 120 万人过早死亡以及超过 2 500 万健康生命年的损失，这是目前国际上关于我国室外空气污染健康影响估算最大的数字。根据全国死因回顾调查，自 20 世纪 70 年代以来，中国肺癌死亡率呈迅速上升趋势，已成为我国居民的首位恶性肿瘤死因。2004—2005 年肺癌死亡率升高至 30.84/10

万，与 1973—1975 年相比，肺癌死亡率和年龄调整死亡率分别上升了 464.8%和 261.4%[①]。连续 9 年的核算结果显示，我国每年因室外空气污染导致的过早死亡人数在 35 万~50 万人，与世界银行和 WHO 的核算结果相近。

2012 年，我国东部地区大气污染导致的过早死亡人数为 21.6 万人，占总数的 48.7%；中部地区大气污染导致的过早死亡人数为 13 万人，占总数的 29.3%；西部地区大气污染导致的过早死亡人数为 9.7 万人，占总数的 22.0%。2012 年我国城市的实际死亡人数为 508.9 万人，大气污染导致的过早死亡人数占实际死亡人数的 8.9%。具体到各省份而言，北京、新疆、宁夏、青海、天津、浙江、甘肃、湖北、上海等地区大气污染导致的过早死亡人数占实际死亡人数的比例都超过了 10%；而海南、云南、贵州、广西、西藏等省份大气污染导致的过早死亡人数较低。从城镇万人空气污染死亡率看，中部地区最高，为 0.65‰，东部地区为 0.64‰，西部地区为 6.2‰。其中，北京（0.77‰）、青海（0.75‰）、甘肃（0.72‰）、新疆（0.72‰）、河南（0.71‰）等省份相对较高。而广西（0.56‰）、广东（0.51‰）、云南（0.48‰）、西藏（0.38‰）、海南（0.26‰）等省份相对较低（图 14-4）。

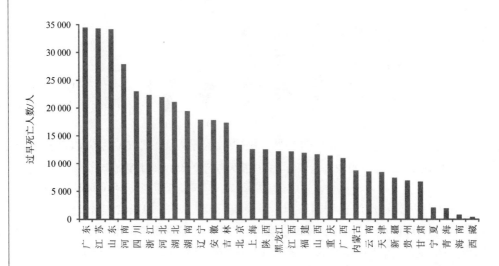

图 14-4　2012 年 31 个省份空气污染导致城镇过早死亡人数

① 卫生部. 第三次全国死因调查主要情况. 中国肿瘤，2008(5): 344-345。

在 $SO_2$ 减排政策的作用下，大气环境污染造成的农业损失有所降低。2012 年农业减产损失为 358.1 亿元，比 2006 年减少 41.9%，农业减产损失占大气污染损失的 5%（图 14-5）。2012 年，材料损失为 227.9 亿元，比 2006 年增加 57.5%。随着车辆和建筑物的快速增加，额外清洁费用增速较快，从 2006 年的 416.4 亿元增加到 2012 年的 1 152.0 亿元，年均增长 16.6%。

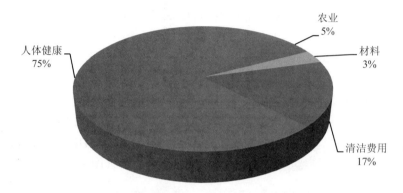

图 14-5　各种大气污染损失占总大气污染损失的比重

2012 年，东部、中部、西部 3 个地区的大气环境退化成本分别为 3 812.3 亿元、1 718.2 亿元、1 319.9 亿元。大气环境退化成本最高的仍然是东部地区，占大气总环境退化成本的 55.7%，占东部地区 GDP 的 1.18%；中部和西部地区的大气环境退化成本分别占大气总环境退化成本的 25.1% 和 19.2%，这两个地区的大气环境退化成本分别占地区 GDP 的 1.21% 和 1.16%。从省份而言，江苏（698.5 亿元）、广东（628.9 亿元）、山东（531.7 亿元）、浙江（415.3 亿元）、河南（379.6 亿元）5 个省的大气污染损失较高，占全国大气污染损失的 38.7%。甘肃（74.0 亿元）、宁夏（27.9 亿元）、青海（27.8 亿元）、海南（10.7 亿元）、西藏（3.9 亿元）等省份大气污染损失相对较低，占全国大气污染损失比例的 2.1%。

## 14.3　固体废物侵占土地退化成本

2012 年，全国工业固体废物侵占土地约为 20 590 万 $m^2$，丧失土地的机会成本约为 382.3 亿元，比 2011 年增加 4.9%。生活垃圾侵占土地约为 2 913.8 万 $m^2$，比 2011 年增加 7.1%。丧失的土地机会成本约为 74.9 亿元，比 2011 年增加 12.3%。两项合计，2012 年全国固体废物侵占土地造成的环境退化成本为 457.3 亿元，占总环境退化成本的 3.4%。2012 年，东部、中部、西部 3 个地区的固体废物环境退化成本分别为 270.2 亿元、95.0 亿元、92.1 亿元。

## 14.4 环境退化成本

我国环境退化成本呈逐年增长趋势，2006 年以来，以年均 10.9% 的速度增加。其中，2006 年 6 507.7 亿元、2007 年 7 397.9 亿元、2008 年 8 947.6 亿元、2009 年 9 701.1 亿元、2010 年 11 032.8 亿元，2011 年 12 512.7 亿元，2012 年 13 357.6 亿元（图 11-6）。在总环境退化成本中，大气环境退化成本和水环境退化成本是主要的组成部分，2012 年这两项损失分别占总退化成本的 50.5% 和 45.4%，固体废物侵占土地退化成本和污染事故造成的损失分别为 457.3 亿元和 85.0 亿元，分别占总退化成本的 3.4% 和 0.4%。从环境退化成本占 GDP 比重的扣减指数看，我国环境退化成本扣减指数呈下降趋势（图 14-6）。

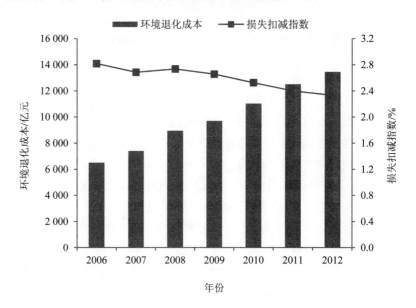

图 14-6 2006—2012 年环境退化成本及其扣减指数

从空间角度看，我国区域环境退化成本呈现自东向西递减的空间格局（图 14-7）。2012 年，我国东部地区的环境退化成本较大，为 7 381.4 亿元，占总环境退化成本的 55.6%，中部地区为 3 039 亿元，西部地区为 2 852.4 亿元。具体从省份角度看，河北（1 576.2 亿元）、

山东（1 159.9 亿元）、江苏（1 137.0 亿元）、广东（854.9 亿元）、河
南（817.7 亿元）、浙江（698.1 亿元）等省份的环境退化成本较高，
占全国环境退化成本的比重为 46.7%。除河南外，这些省份都位于我
国东部沿海地区。新疆（154.8 亿元）、宁夏（135.8 亿元）、青海（70.3
亿元）、西藏（41.9 亿元）、海南（22.1 亿元）等省份的环境退化成本
较少，占环境退化成本的比重为 3.2%。这些省份除环境质量本底值
好的海南省外，其他都位于西部地区，西部地区环境退化成本低的主
要原因是地广人稀，实际来看，西部地区部分城市的大气环境质量与
水体的水环境质量同样令人堪忧。

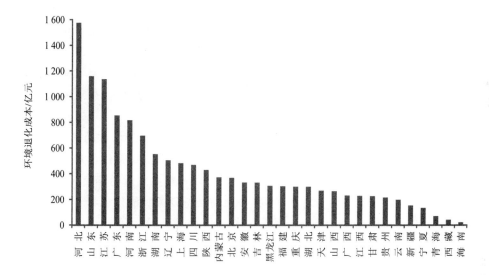

图 14-7　2012 年 31 个省份环境退化成本空间分布

# 第 15 章
# 生态破坏损失核算账户

　　生态系统可以按不同的方法和标准进行分类，本报告按生态系统的环境特性将生态系统划分为五类，即森林生态系统、草地生态系统、湿地生态系统、耕地生态系统和海洋生态系统。由于不掌握耕地和海洋生态系统的基础数据，本报告仅核算了森林、草地、湿地和矿产开发引起的地下水流失与地质灾害 4 类生态系统的服务功能损失。

　　生态系统一般具有三大类功能，即生活与生产物质的提供（如食物、木材、燃料、工业原料、药品等）、生命支持系统的维持（如生物多样性、气候调节、水土保持等）以及精神生活的享受（如登山、野游、渔猎、漂流等）。本报告所指生态服务功能仅包括第一类和第二类中的重要功能，并根据森林、草地和湿地的主要生态功能分别选择了对其最重要和典型的服务功能进行核算（表 15-1）。

表 15-1　生态破坏损失核算框架

| | 生产有机物质 | 调节大气 | 涵养水源 | 水分调节 | 水土保持 | 营养物质循环 | 净化污染 | 野生生物栖息地 | 干扰调节 |
|---|---|---|---|---|---|---|---|---|---|
| 森林 | √ | √ | √ | √ | | √ | √ | √ | |
| 湿地 | √ | √ | √ | √ | √ | √ | √ | √ | √ |
| 草地 | √ | √ | √ | | √ | √ | | | |
| 耕地 | × | × | | × | | | | × | |
| 海洋 | × | × | | × | | × | × | × | × |

注：√表示已核算项目；×表示未核算项目。

# 15.1　森林生态破坏损失

我国森林覆盖率只有全球平均水平的 2/3，排在世界第 139 位；人均森林面积为 0.145 hm$^2$，不足世界人均占有量的 1/4；人均森林蓄积为 10.15 m$^3$，只有世界人均占有量的 1/7；全国乔木林生态功能指数为 0.54，生态功能好的仅占 11.3%；乔木林每公顷蓄积量为 85.88m$^3$，只有世界平均水平的 78.0%。长期来看，由于我国仍然处于经济发展和城镇人口快速增长期，社会经济发展对木材需求不断增长，木材供需矛盾加剧，森林生态系统安全面临巨大压力。

根据全国第七次森林资源清查结果，我国目前森林面积为 19 545.2 万 hm$^2$，森林覆盖率为 20.4%，比第六次清查结果的 18.2% 提高了 2.15%。总体来看，森林面积继续扩大，林木蓄积生长量持续大于消耗量，森林质量有所提高，森林生态功能不断增强。但本次清查也发现，我国森林资源长期存在的数量增长与质量下降并存、森林生态系统趋于简单化、生态功能衰退、森林生态系统调节能力下降的问题仍然广泛存在，生态脆弱状况没有根本扭转。

在人类活动的干扰下，森林资源的非正常耗减所造成的生态服务功能下降，包括森林资源非正常耗减带来的森林生态系统服务功能退化损失以及为防止森林生态退化的支出两部分。由于缺乏数据，本报告仅对前者的损失进行了核算。这里所指的森林资源包括常绿针叶林、常绿阔叶林、落叶针叶林、落叶阔叶林等多种类型（这里主要指乔木树种构成，郁闭度 0.2 以上的林地或冠幅宽度 10 m 以上的林带，不包括灌木林地和疏林地）。

根据全国第七次森林资源清查结果，林地转为非林地的面积为 831.73 万 hm$^2$。2012 年我国森林生态破坏损失达到 1 329.9 亿元，占 2012 年全国 GDP 的 0.23%，其中针叶林生态破坏损失达到 622.4 亿元，阔叶林生态破坏损失达到 707.5 亿元。从损失的各项功能看，生产有机质、固碳释氧、涵养水源、保持水土、营养物质循环、生物多样性保护、净化空气等森林资源的各项生态功能破坏损失分别为 63.6 亿元、94.2 亿元、38.3 亿元、81.3 亿元、27.5 亿元、762.2 亿元、262.8 亿元（图 15-1）。其中，生物多样性保护功能丧失所造成的破坏损失最大，占森林总损失的 57%，超过其他各项生态功能损失之和。

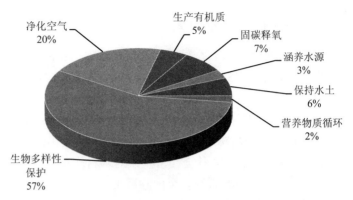

图 15-1  森林生态破坏各项损失的比重

我国森林的空间分布差异很大,主要分布在东南地区、西南地区、内蒙古东部地区和东北三省,仅黑龙江、吉林、内蒙古、四川、云南五省(区)的森林面积和蓄积量就占全国的 43.4% 和 49.7%。从针叶林和阔叶林的破坏率看,宁夏、河南、山东、新疆等地区的破坏率相对最高。而森林非正常耗减量位居前 5 位的省(区)为湖北、黑龙江、河南、广西、云南,分别占全国非正常耗减量的 9.8%、9.5%、8.8%、8.7%、8.4%,造成的生态破坏损失分别达到 130.5 亿元、126.2 亿元、116.2 亿元、115.8 亿元、112.4 亿元(图 15-2)。

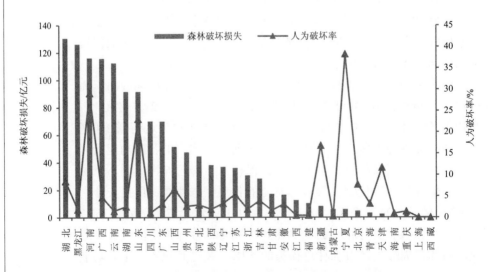

图 15-2  31 个省份的森林生态破坏经济损失和人为破坏率

## 15.2　湿地生态破坏损失

湿地与人类的生存、繁衍、发展息息相关，是自然界最富生物多样性的生态系统和人类最重要的生存环境之一，它不仅为人类的生产、生活提供多种资源，而且具有巨大的环境功能和效益，在抵御洪水、调节径流、蓄洪防旱、降解污染、调节气候、控制土壤侵蚀、美化环境等方面具有其他系统不可替代的作用，被称为地球之肾、物种贮存库、气候调节器。本报告核算的湿地指面积在 100 hm$^2$ 以上的湖泊、沼泽、库塘和滨海湿地，宽度不小于 10 m、面积不小于 100 hm$^2$ 的全国主要水系的四级以上支流，以及其他具有特殊重要意义的湿地。

全国湿地资源调查（1995—2003 年）结果表明，我国现有调查范围内的湿地总面积为 3 848.55 万 hm$^2$，其中自然湿地面积为 3 620.05 万 hm$^2$，占国土面积的 3.77%。在自然湿地面积中，滨海湿地所占比重为 16.41%，河流湿地占 22.67%，湖泊湿地占 23.07%，沼泽湿地占 37.85%。调查表明，湿地开垦、改变自然湿地用途和城市开发占用自然湿地是造成我国自然湿地面积削减、功能下降的主要原因。

本报告所指湿地生态破坏是指在人类活动的干扰下，由于人为因素造成的湿地生态系统的生态服务功能退化，以湿地围垦率指标体现湿地生态系统的人为破坏率。根据核算结果，目前全国湿地围垦面积达到 65.8 万 hm$^2$，由此造成的湿地生态破坏损失达到 1 373.7 亿元，占 2012 年全国 GDP 的 0.24%。湿地的生产有机物质、调节大气、涵养水源、水分调节、水土保持、营养物质循环、净化污染、野生生物栖息地、干扰调节生态系统服务功能损失分别为 14.6 亿元、17.5 亿元、630.1 亿元、1.1 亿元、16.0 亿元、5.1 亿元、319.2 亿元、23.2 亿元、346.9 亿元。在湿地生态破坏造成的各项损失中，涵养水源的损失贡献率最大，占总经济损失的 45.9%（图 15-3）。

我国湿地分布较为广泛，同时，受自然条件的影响，湿地类型的地理分布表现出明显的区域差异。我国湿地主要分布在西藏、黑龙江、内蒙古和青海 4 个省份，这 4 个省份的湿地面积占全国湿地面积的 46.6%。在全国 31 个省份中，浙江省的湿地人为破坏率最高，达到 4.4%，其次是重庆市（3.9%）和甘肃省（3.2%）。虽然湿地主要分布地区的人为破坏率处于中游水平，但由于基数大，黑龙江、西藏、内蒙古、青海和甘肃的人为湿地破坏面积位居全国前 5 位，这 5 个省份的湿地生态破坏经济损失也位居前 5 位，分别达到 223.6 亿元、195.6 亿元、174.8 亿元、81.9 亿元和 69.5 亿元，5 个省合计约占全国湿地生态破坏经济损失的 54.3%（图 15-4）。

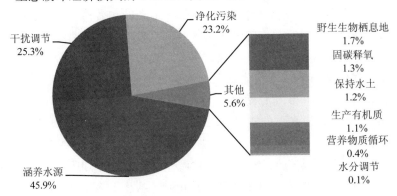

图 15-3　湿地生态破坏各项损失占比

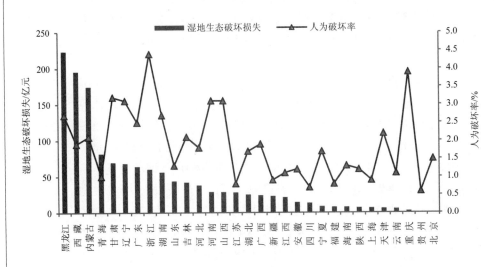

图 15-4　31 个省份的湿地生态破坏经济损失和人为破坏率

## 15.3　草地生态破坏损失

我国是草地资源大国，全国草原面积近 4 亿 hm$^2$，约占陆地国土面积的 2/5，是我国面积最大的绿色生态屏障，也是干旱、高寒等自然环境严酷、生态环境脆弱区域的主体生态系统。按照草原地带性分布特点，可以将我国草原分为北方干旱半干旱草原区、青藏高寒草原区、东北华北湿润半湿润草原区和南方草地区四大生态功能区，它们在我国国家生态安全战略格局中占据着十分重要的位置。

北方干旱半干旱草原区位于我国西北、华北北部以及东北西部地区，涉及河北、山西、内蒙古、辽宁、吉林、黑龙江、陕西、甘肃、宁夏和新疆等 10 个省份，是我国北方重要的生态屏障。全区域草原面积为 15 995 万 hm$^2$，占全国草原总面积的 40.7%。该区域气候干旱少雨、多风，冷季寒冷漫长，草原类型以荒漠化草原为主，生态系统十分脆弱。青藏高寒草原区位于我国青藏高原，全区域草原面积为 13 908 万 hm$^2$，占全国草原总面积的 35.4%。区域内大部分草原在海拔 3 000 m 以上，气候寒冷、牧草生长期短，草层低矮，产草量低，草原类型以高寒草原为主，生态系统极度脆弱。东北、华北湿润半湿润草原区主要位于我国东北和华北地区，全区域草原面积为 2 961 万 hm$^2$，占全国草原总面积的 7.5%。该区域是我国草原植被覆盖度较高、天然草原品质较好、产量较高的地区，也是草地畜牧业较为发达的地区，发展人工种草和草产品加工业潜力很大。南方草地区位于我国南部，涉及上海、江苏、浙江、安徽、福建、江西、湖南、湖北、广东、广西、海南、重庆、四川、贵州和云南 15 省份，全区域草原面积为 6 419 万 hm$^2$，占全国草原总面积的 16.3%。区域内牧草生长期长，产草量高，但草资源开发利用不足，部分地区面临石漠化威胁，水土流失严重。

2012 年全国草原监测报告显示，我国草原生态的总体形势发生了积极变化，全国草原生态环境加速恶化势头得到有效遏制。2012 年全国重点天然草原的牲畜超载率为 23%，较 2011 年下降了 5.0 个百分点。全国 268 个牧区半牧区县（旗、市）天然草原的牲畜超载率为 34.8%，较 2011 年下降 7.2 个百分点，其中牧区县牲畜超载率为 34.5%，半牧区县牲畜超载率为 36.2%。但鼠害和火灾面积居高不下。2012 年，全国草原鼠害危害面积为 3 691.5 万 hm$^2$，约占全国草原总面积的 9.2%；全国草原虫害危害面积为 1 739.6 万 hm$^2$，占全国草原总面积的 4.3%。2012 年，全国共发生草原火灾 110 起，受害草原面积为 127 133 hm$^2$，经济损失达 10 990.9 万元。与 2011 年相比，全国草原火灾次数增加 27 起，受害草原面积增加 109 659.6 hm$^2$，增加重特大草原火灾 4 起。

草地生态破坏是指在人类活动的干扰下，由于人为因素造成的草地生态系统的生态服务功能退化。影响草地生态系统生态退化的人为因素主要是不合理的草地利用，包括过度放牧、开垦草原、违

127

法征占草地、乱采滥挖草原野生植被资源等。2012 年全国草原监测报告核算结果显示，2012 年全国人为破坏的草地面积达到 1 730.65 万 hm$^2$，由此造成的草地生态破坏损失达到 1 787.6 亿元，占 2012 年全国 GDP 的 0.31%。草地的生产有机物质、调节大气、涵养水源、水土保持、营养物质循环等生态系统服务功能损失分别为 258.2 亿元、308.8 亿元、268.6 亿元、862.1 亿元、90.0 亿元。在草地生态破坏造成的各项损失中，水土保持的贡献率最大，占总经济损失的 48.2%（图 15-5）。

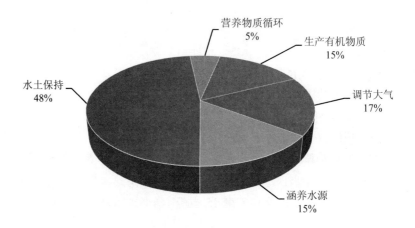

图 15-5　草地生态破坏各项损失占比

由于我国草地主要集中在西部地区，而且西部地区的牲畜超载率也普遍较高，根据《全国草原监测报告（2012）》，西藏、内蒙古、新疆、青海、四川、甘肃的牲畜超载率分别为 29%、12%、24%、16%、29%、27%。因此，西部地区草地生态破坏损失远大于东中部地区，占 87.0%，东部占 1.7%，中部占 11.3%。在 31 个省份中，青海省以 428.3 亿元居首位，占全国总损失的 24.0%，内蒙古（309.1 亿元）和西藏（280.6 亿元）分别占 17.3% 和 15.7%，这 3 个省份和四川、新疆、黑龙江、甘肃 7 个省份 2012 年度的草地生态系统破坏经济损失为 1 547.9 亿元，占全国的 86.6%，其他 13 个省仅占 13.4%，北京、天津、上海、江苏、浙江、安徽、福建、江西、湖南、广东和海南等 11 省份的超载率为 0，草地生态破坏经济损失为 0（图 15-6）。

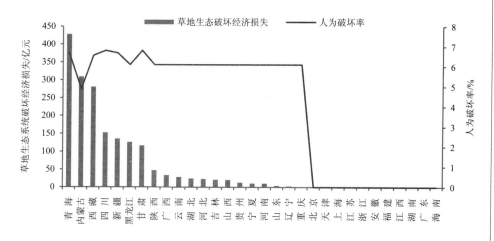

图 15-6　31 个省份的草地生态破坏经济损失和人为破坏率

## 15.4　矿产开发生态破坏损失

我国是矿业大国，矿产开发总规模居世界第三位，矿产资源开发在为经济建设做出巨大贡献的同时，也对生态环境造成了长期、巨大的破坏。根据国土资源部开展的全国矿山地质环境调查结果，由于长时间、高强度的矿山开采，造成大量土地荒废，生态环境恶化，有的地方发生大范围的地面塌陷等地质灾害。由于固体废物堆放引起的土地占用损失已在环境退化成本中进行了核算，为避免重复，矿产开发生态破坏损失部分主要对地下水环境生态破坏与矿产开发过程中引起的采空塌（沉）陷、地裂缝、滑坡等地质灾害造成的经济损失进行核算。

目前矿产开发每年导致的地下水资源破坏量达到 14.2 亿 $m^3$，由此造成的经济损失达到 61.1 亿元；因采矿活动形成的地质灾害面积约为 116.2 万 $hm^2$，由此造成的经济损失达到 193.5 亿元，两项合计 2012 年矿产开发造成的经济损失达到 254.6 亿元，占 2012 年全国 GDP 的 0.05%。

从区域角度看，我国矿产资源主要集中分布在湖北、湖南、山西、陕西、内蒙古、青海、新疆、贵州和云南等中西部地区，因此，中西部省（区）矿产开发造成的生态破坏损失量较大，分别达到 186.5 亿元和 38.6 亿元，占总生态破坏损失量的 75.8% 和 15.7%。在 31 个省份中，山西省以 165.0 亿元位居首位，占全国总损失的 67.0%

（图 15-7）。

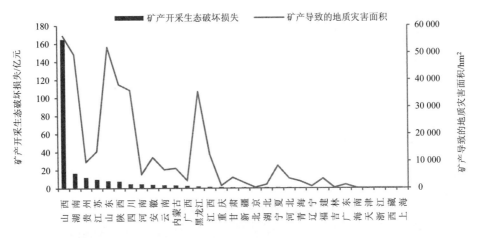

图 15-7　31 个省份矿产开发生态破坏经济损失和地质灾害面积

## 15.5　总生态破坏损失

2008—2012 年我国生态破坏损失呈小幅增长趋势（图 15-8）。2008 年全国的生态破坏损失为 3 961.8 亿元，2009 年为 4 206.5 亿元，2010 年为 4 417.0 亿元，2011 年为 4 758.5 亿元；2012 年为 4 745.9 亿元，占 GDP 的 0.8%。在生态破坏损失中，草地退化造成的生态破坏损失相对较大，2012 年为 1 787.7 亿元；其次为湿地占用导致的生态破坏损失，2012 年为 1 373.7 亿元。因矿产资源开发导致的地下水污染和地质灾害损失相对较少，2012 年为 254.6 亿元。

我国生态破坏损失的空间分布极不均衡，呈现从东部沿海地区向西部地区逐级递增的空间格局（图 15-9）。2012 年，我国东部、中部、西部 3 个地区的生态破坏损失分别为 710.2 亿元、1 409.6 亿元、2 626.1 亿元，分别占生态总损失的 15.0%、29.7%、55.3%，西部地区的生态破坏损失超过了中东部地区的总和。具体从各省份来看，青海（514.0 亿元）、内蒙古（493.0 亿元）、黑龙江（477.5 亿元）、西藏（476.3 亿元）、山西（265.4 亿元）、四川（240.7 亿元）等是我国生态破坏损失比较严重的省份，这些省份的生态破坏损失占总生态破坏损失的 52.0%。其中，青海、内蒙古、四川等省份的生态破坏损失以草地损失为主，分别占总生态破坏损失的 83.3%、62.7%、63.4%；山西

生态破坏损失以矿产资源开发的生态损失为主，占比为 62.1%；黑龙
江生态破坏损失以湿地损失为主，占比为 46.8%；西藏生态破坏损失
由草地和湿地损失组成，占比分别为 58.9% 和 41.0%。

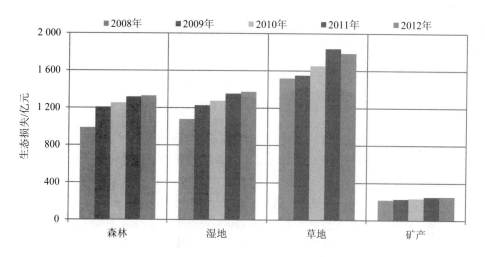

图 15-8　2008—2012 年不同类型生态损失对比

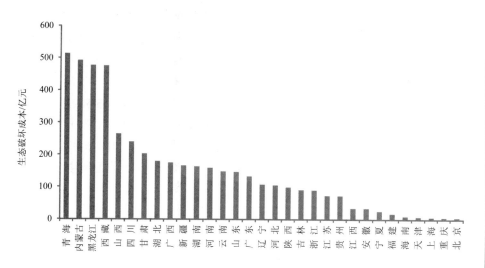

图 15-9　2012 年 31 个省份生态破坏成本

# 第 16 章

# 环境经济核算综合分析

2004—2012 年的核算结果表明，随着经济的快速发展，环境污染代价和所需要的污染治理投入在同步增长，环境问题已经成为我国可持续发展的主要制约因素。9 年间基于退化成本的环境污染代价从 5118.2 亿元提高到 13 357.7 亿元，增长了 161%，年均增长 12.4%。鉴于我国在今后相当长的一段时期内仍处于工业化中后期阶段，环境质量改善是一项长期艰巨的任务，预计未来 10～15 年还处于经济总量与生态环境成本同步上升的阶段。

## 16.1　我国处于经济增长与环境成本同步上升阶段

2004—2012 年的核算表明我国经济发展造成的环境污染代价持续增加，9 年间基于退化成本的环境污染代价从 5 118.2 亿元提高到 13 357.7 亿元，增长了 161%，年均增长 12.4%。"十一五"期间，基于治理成本法的虚拟治理成本从 4 112.6 亿元提高到 5 589.3 亿元，增长了 35.9%。2011 年和 2012 年基于治理成本法的虚拟治理成本分别为 6 728.7 亿元和 6 888.2 亿元（图 16-1），由于 2011 年和 2012 年环境统计中交通源的 $NO_x$ 排放量增加很大，导致这两年的虚拟治理成本相对较高。

2006—2012 年的核算结果表明，随着经济的快速发展，环境污染代价和所需要的污染治理投入在同步增长，环境问题已经成为我国可持续发展的主要制约因素。对比分析我国经济增速与环境退化成本增速可知（图 16-2），除 2007 年外，我国环境退化成本与 GDP 基本同步增速，2008 年，环境退化成本增速快于 GDP 增速，为 22.0%。鉴于我国在今后相当长的一段时期内仍处于工业化中后期阶段，环境质量改善是一项长期艰巨的任务，预计未来 10～15 年还处于经济总量与生态环境成本同步上升的阶段。

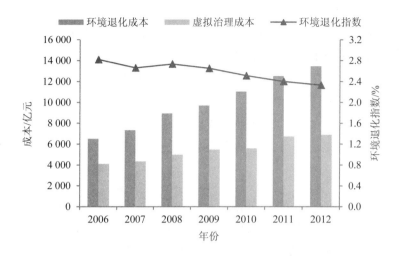

图 16-1　2006—2012 年中国环境退化成本及环境退化指数

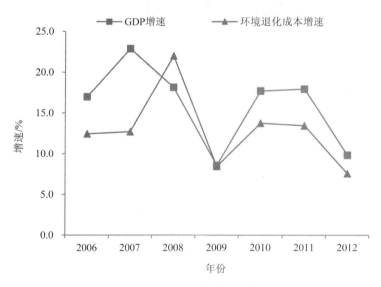

图 16-2　2006—2012 年 GDP 增速与环境退化成本增速对比（当年价）

## 16.2　我国生态环境退化成本占 GDP 的比重有所下降

以环境退化成本与生态破坏损失合计作为我国生态环境退化成本，对比分析 2008—2012 年生态环境退化成本可知，我国生态环境退化成本呈上升趋势，但生态环境退化成本占 GDP 的比重有所下降。

2008 年我国生态环境退化成本为 12 745.7 亿元，占当年 GDP 的比重为 3.9%；2009 年为 13 916.2 亿元，占当年 GDP 的比重为 3.8%；2010 年为 15 389.5 亿元，占 GDP 的比重下降到 3.5%；2011 年为 17 271.2 亿元，占 GDP 的比重为 3.3%；2012 年为 18 103.5 亿元，占 GDP 的比重为 3.1%（图 16-3）。

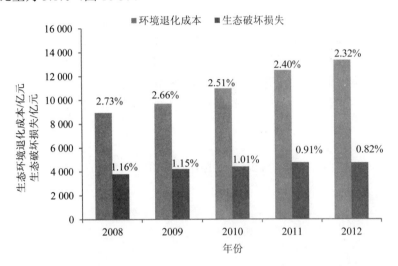

图 16-3　2008—2012 年生态环境退化成本与 GDP 生态破坏损失

　　由于缺乏基础数据，土壤和地下水污染造成的环境损害、耕地和海洋生态系统破坏造成的损失、环境污染事故造成的环境损害无法计量，各项损害的核算范围也不全面，资源消耗损失没有核算，报告核算的生态环境污染损失占 GDP 的比重在 3.1%～3.9%。另根据世界银行对能源消耗、矿产资源消耗、森林资源消耗、$CO_2$ 排放以及颗粒物排放等不同口径的资源耗减成本与污染损失的核算结果显示，2004—2012 年，我国资源环境损失占 GDP 的比重呈先上升后下降的趋势，由 2004 年的 7.1% 上升到 2008 年的 10.0%，后下降到 2012 年的 5.8%。2008 年，美国、日本、英国、德国、法国等发达国家资源环境损失占 GDP 的比重分别为 5.0%、5.0%、2.3%、0.5%、0.1%[1]，我国资源环境成本占 GDP 的比重都高于这些国家，我国现阶段的经济发展依然严重依赖对资源环境的破坏性消耗，高投入、高消耗、低产出、低效率的问题依然突出。

---

①http://siteressources.worldbank.org/ENVIRONMENT/Resources.

## 16.3  生态环境退化成本空间分布不均

2012 年，我国生态环境退化成本共计 18 103.5 亿元[①]，其中，东部地区生态环境退化成本最大，生态环境退化成本为 8 091.6 亿元，占全国生态环境退化成本的 44.9%；中部地区生态环境退化成本为 4 448.7 亿元，占比为 24.7%；西部地区生态环境退化成本为 5 478.5 亿元，占比为 30.4%。具体从各省份看，河北（1 682.3 亿元）、山东（1 307.7 亿元）、江苏（1 211.1 亿元）、广东（988.9 亿元）、河南（978.0 亿元）等 5 个省份的生态环境退化成本最高，占全国生态环境退化成本的比重为 34%。海南（32.1 亿元）、宁夏（161.7 亿元）、江西（264.7 亿元）、天津（277.9 亿元）、贵州（289.9 亿元），总占比为 5.7%（图 16-4）。

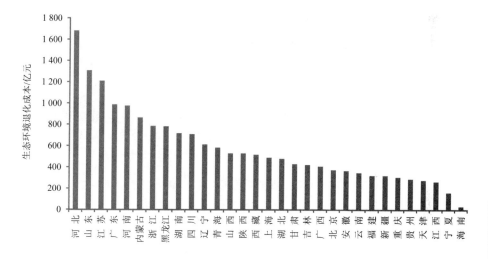

图 16-4  2012 年 31 个省份生态环境退化成本空间分布

我国生态破坏损失和环境退化成本的空间分布很不均衡，生态破坏损失主要分布在西部地区，环境退化成本主要分别在东部地区。从图 16-5 可知，我国东部地区的环境退化成本占到全国环境退化成本的 54.8%，西部地区的生态破坏损失占全国生态破坏损失的比重为 55.3%。进一步分析不同区域的生态环境退化指数可知，西部地区生

---

[①] 由于缺乏分省份的渔业污染事故损失数据，因此，东部、中部、西部合计的生态环境损失合计不等于全国合计的生态环境损失。

态环境退化指数高于中东部地区（图 16-6）。西部地区生态环境退化指数为 4.8%，中部地区为 3.2%，东部地区为 2.5%。生态环境退化对西部地区的影响更为严重，从各省份来看，2012 年，GDP 环境退化指数较高的省份为宁夏（5.8%）、河北（5.9%）、甘肃（4.0%）、青海（3.7%）和贵州（3.2%），比重较低的省份为江西（1.8%）、福建（1.5%）、广东（1.5%）、湖北（1.4%）和海南（0.8%）。考虑生态环境退化成本后，生态环境退化指数最高的为青海（31.0%）、甘肃（7.6%）、宁夏（6.9%）、河北（6.3%）、黑龙江（5.7%）、山西（4.4%）。这些省份除河北外，都属于中西部地区，且多为欠发达资源富集省份。

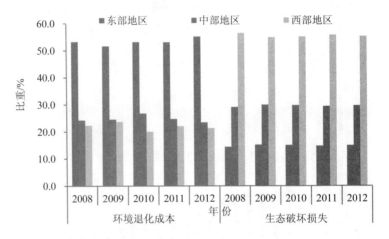

图 16-5　东部、中部、西部地区环境退化成本和生态破坏损失所占比重

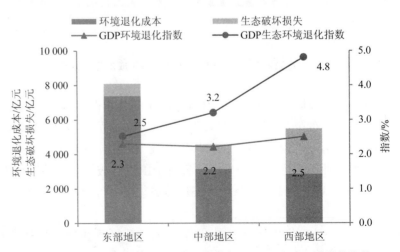

图 16-6　2012 年地区生态环境退化成本及 GDP 生态环境退化指数

生态环境退化指数低的省份都位于东部地区，欠发达地区经济增长的资源环境代价高于发达地区。如果把生态环境退化成本从区域GDP中扣减掉，西部地区与东部地区的经济发展差距会进一步拉大。西部地区生态环境脆弱，经济发展的资源环境代价大，我国在进行产业转移和产业空间布局时，需要充分考虑西部地区脆弱的生态环境的承载力。

## 16.4 环境保护投入仍需提高

"十一五"期间，在污染减排政策的作用下，我国加大了环境污染治理的投资力度，2006—2010年，环境污染治理共投资2.16万亿元。《国家环境保护"十二五"规划》指出，全社会环保投资需求约为3.4万亿元，将加大对环境保护的投资力度。其中，2012年环境污染治理投资总额达8 253.6亿元，占同期GDP的1.6%，我国环境污染治理投资占GDP的比重超过了1.5%。

但根据核算结果，目前虚拟治理成本仍然高于实际治理成本，环境保护治理投入依然不足。其中，2012年我国废水虚拟治理成本为2 097.1亿元，是实际治理成本的1.3倍。废气虚拟治理成本为4 464.4亿元，是实际治理成本的1.4倍。值得注意的是，氮氧化物治理投资严重不足。2012年，工业行业的氮氧化物排放量为1 658.1万t，去除率仅为7.5%，机动车的氮氧化物排放量为640.1万t；2012年废气虚拟治理成本中$NO_x$的虚拟治理成本为3 089.0亿元，占总废气虚拟治理成本的83.1%。其中，交通源的$NO_x$虚拟治理成本为2 415.7亿元，占总废气虚拟治理成本的78.2%。

根据2000年美国EPA测算，大气污染治理成本占GNP的比重为0.77%，水污染治理成本占GNP的比重为1.13%。2012年，我国废水实际治理成本占GDP的比重为0.28%，废气实际治理成本占GDP比重为0.54%。我国废水和废气治理成本占GDP的比重低于2000年的美国，尤其是水污染治理投入相差很大。目前，随着人们对灰霾天气的关注度提高，国家对大气污染治理相对较为重视，大气污染治理投入是废水污染治理投入的两倍。水环境具有资源和环境容纳双重特性，我国因污染导致的水资源短缺逐年上升，需加大对水环境的治理投入。

## 16.5　环境污染治理运行不足

根据《全国环境统计年报 2012》可知，2012 年工业废水治理的运行费用相比 2011 年下降了 8.8%，工业废气治理的运行费用下降了 8.1%。而工业废气治理的主要污染物 $SO_2$ 去除率由 2011 年的 66.3%上升到 2012 年的 67.8%，工业废水治理的主要污染物 COD 去除率由 2011 年的 89.7%下降到 2012 年的 86.1%。废气运行费用呈下降趋势，而去除率却呈增加趋势，其原因可能由于低成本、高效率治理技术的应用，但也不排除部分企业环境污染治理的设施运行不足，甚至违法偷排、超标直排，实际的污染物去除率可能低于环境统计数据。

我国 2012 年由中央和地方配套投入污染源在线监测网络的资金已逾百亿元，能够监控上万个污染源，但如此强大的监管网络，并没有完全遏制企业的环境违法行为。从近年各种渠道曝光和披露的企业违法行为来看，一些企业的环境违法方式已经从"偷排"转为"偷数字"，对在线监测数据动手脚，公然造假。2013 年 3 月，环保部华北督查中心对华北地区的钢铁企业进行全面排查，排查结果发现，华北地区 70%以上的钢铁企业无法按照国家规定的标准排放污染物，也就是说，70%以上的钢铁企业都存在超标排污的问题[1]。

利用基层环境统计数据，将 2012 年环境统计的企业调查数据中废水污染物 COD 和 $SO_2$ 的去除量数据进行异常值去除，结果显示，2012 年，我国工业 $SO_2$ 去除率为 60.5%，工业行业 COD 平均去除率为 75.5%。同时，根据对江苏某 4 个工业园区调查的结果显示，工业园区的 $SO_2$ 去除率仅为 10%~40%，$NO_x$ 去除率基本为 0。

---

[1]简讯. NGO 报告：华北治霾关键是钢铁烟气治理. 环境经济，2014，125（5）：9。

## 专栏 16.1　相关概念

GDP 污染扣减指数（Pollution Reduction Index to GDP, $PRI_{GDP}$）是指虚拟治理成本占当年行业合计 GDP 的百分比，即 GDP 污染扣减指数 = 虚拟治理成本/当年行业合计 GDP×100%。由于虚拟治理成本基本根据市场价格核算的环境治理成本，因此可以作为"中间消耗成本"直接在 GDP 中扣减。

GDP 环境退化指数（Environmental Degradation Index to GDP, $EDI_{GDP}$）是指环境退化成本占当年地区合计 GDP 的百分比，即 GDP 环境退化指数=环境退化成本/当年地区合计 GDP×100%。

GDP 生态环境退化指数（Ecological and Environmental Degradation Index to GDP, $EEDI_{GDP}$）是指生态破坏损失和环境退化成本占当年地区合计 GDP 的百分比，即 GDP 生态环境退化指数=（生态破坏损失+环境退化成本）/当年地区合计 GDP×100%。

GDP 环境保护支出指数（Environmental Protection Expenditure Index to GDP, $EPEI_{GDP}$）是指环境保护支出占当年行业合计 GDP 的百分比，即 GDP 环保支出指数=环境保护支出/当年行业合计 GDP×100%。本报告采用狭义的环境保护支出指数，GDP 环境治理支出指数=环境治理支出/当年行业合计 GDP×100%。

生态环境损失（Ecological and Environmental Damage）是指生态破坏损失和环境退化成本之和。

# 附　录

## 附录 1　2011 年各地区核算结果

| 省份 | | 地区生产总值/亿元 | 虚拟治理成本/亿元 | 污染扣减指数/% | 环境退化成本/亿元 | 环境退化指数/% | 生态破坏损失/亿元 | 生态破坏指数/% | 生态环境退化成本/亿元 | 生态环境退化指数/% |
|---|---|---|---|---|---|---|---|---|---|---|
| 东部 | 北　京 | 16 251.9 | 176.6 | 1.1 | 363.3 | 2.24 | 5.6 | 0.03 | 368.9 | 2.27 |
| | 天　津 | 11 307.3 | 84.0 | 0.7 | 235.5 | 2.08 | 8.1 | 0.07 | 243.7 | 2.16 |
| | 河　北 | 24 515.8 | 498.3 | 2.0 | 1 338.3 | 5.46 | 105.7 | 0.43 | 1 444.0 | 5.89 |
| | 辽　宁 | 22 226.7 | 270.7 | 1.2 | 429.0 | 1.93 | 106.9 | 0.48 | 536.0 | 2.41 |
| | 上　海 | 19 195.7 | 143.4 | 0.7 | 458.9 | 2.39 | 6.8 | 0.04 | 465.7 | 2.43 |
| | 江　苏 | 49 110.3 | 597.5 | 1.2 | 1 005.0 | 2.05 | 73.1 | 0.15 | 1 078.1 | 2.20 |
| | 浙　江 | 32 318.9 | 526.8 | 1.6 | 616.5 | 1.91 | 89.8 | 0.28 | 706.2 | 2.19 |
| | 福　建 | 17 560.2 | 215.5 | 1.2 | 241.4 | 1.37 | 18.0 | 0.10 | 259.3 | 1.48 |
| | 山　东 | 45 361.9 | 697.7 | 1.5 | 1 156.7 | 2.55 | 146.2 | 0.32 | 1 302.9 | 2.87 |
| | 广　东 | 53 210.3 | 566.4 | 1.1 | 825.0 | 1.55 | 132.5 | 0.25 | 957.5 | 1.80 |
| | 海　南 | 2 522.7 | 64.5 | 2.6 | 23.9 | 0.95 | 10.0 | 0.39 | 33.9 | 1.34 |
| | 小　计 | 293 581.7 | 3 841.4 | 1.31 | 6 693.5 | 2.28 | 702.7 | 0.24 | 7 396.2 | 2.52 |
| | 占全国比例/% | 56.3 | 44.2 | — | 53.1 | — | 14.8 | — | 42.6 | — |
| 中部 | 山　西 | 11 237.6 | 252.9 | 2.3 | 255.5 | 2.27 | 263.3 | 2.34 | 518.8 | 4.62 |
| | 吉　林 | 10 568.8 | 173.5 | 1.6 | 296.2 | 2.80 | 91.2 | 0.86 | 387.4 | 3.67 |
| | 黑龙江 | 12 582.0 | 278.9 | 2.2 | 324.9 | 2.58 | 476.1 | 3.78 | 801.0 | 6.37 |
| | 安　徽 | 15 300.7 | 261.8 | 1.7 | 316.1 | 2.07 | 34.2 | 0.22 | 350.3 | 2.29 |
| | 江　西 | 11 702.8 | 191.1 | 1.6 | 192.6 | 1.65 | 34.6 | 0.30 | 227.2 | 1.94 |
| | 河　南 | 26 931.0 | 490.8 | 1.8 | 896.4 | 3.33 | 159.1 | 0.59 | 1 055.5 | 3.92 |
| | 湖　北 | 19 632.3 | 698.6 | 3.6 | 323.0 | 1.65 | 179.2 | 0.91 | 502.2 | 2.56 |
| | 湖　南 | 19 669.6 | 260.1 | 1.3 | 517.3 | 2.63 | 162.7 | 0.83 | 680.0 | 3.46 |
| | 小　计 | 127 624.8 | 2 607.7 | 2.04 | 3 122.0 | 2.45 | 1 400.4 | 1.10 | 4 522.4 | 3.54 |
| | 占全国比例/% | 24.5 | 30.0 | — | 24.8 | — | 29.4 | — | 26.1 | — |

| 省份 | | 地区生产总值/亿元 | 虚拟治理成本/亿元 | 污染扣减指数/% | 环境退化成本/亿元 | 环境退化指数/% | 生态破坏损失/亿元 | 生态破坏指数/% | 生态环境退化成本/亿元 | 生态环境退化指数/% |
|---|---|---|---|---|---|---|---|---|---|---|
| 西部 | 内蒙古 | 14 359.9 | 241.2 | 1.7 | 358.6 | 2.50 | 499.2 | 3.48 | 857.9 | 5.97 |
| | 广 西 | 11 720.9 | 235.1 | 2.0 | 227.5 | 1.94 | 175.2 | 1.50 | 402.7 | 3.44 |
| | 重 庆 | 10 011.4 | 139.4 | 1.4 | 218.5 | 2.18 | 6.1 | 0.06 | 224.6 | 2.24 |
| | 四 川 | 21 026.7 | 370.2 | 1.8 | 389.8 | 1.85 | 243.6 | 1.16 | 633.4 | 3.01 |
| | 贵 州 | 5 701.8 | 137.3 | 2.4 | 206.5 | 3.62 | 73.1 | 1.28 | 279.6 | 4.90 |
| | 云 南 | 8 893.1 | 238.8 | 2.7 | 203.9 | 2.29 | 148.5 | 1.67 | 352.4 | 3.96 |
| | 西 藏 | 605.8 | 33.5 | 5.5 | 29.4 | 4.85 | 481.2 | 79.42 | 510.6 | 84.28 |
| | 陕 西 | 12 512.3 | 214.3 | 1.7 | 455.1 | 3.64 | 100.5 | 0.80 | 555.6 | 4.44 |
| | 甘 肃 | 5 020.4 | 129.2 | 2.6 | 250.2 | 4.98 | 205.9 | 4.10 | 456.1 | 9.08 |
| | 青 海 | 1 670.4 | 140.0 | 8.4 | 49.4 | 2.96 | 524.9 | 31.42 | 574.3 | 34.38 |
| | 宁 夏 | 2 102.2 | 112.1 | 5.3 | 139.4 | 6.63 | 26.1 | 1.24 | 165.5 | 7.87 |
| | 新 疆 | 6 610.1 | 252.4 | 3.8 | 258.7 | 3.91 | 171.1 | 2.59 | 429.8 | 6.50 |
| | 小 计 | 100 235.0 | 2 243.5 | 2.2 | 2 787.0 | 2.78 | 2 655.4 | 2.65 | 5 442.5 | 5.43 |
| | 占全国比例/% | 19.2 | 25.8 | — | 22.1 | — | 55.8 | — | 31.3 | — |
| 全国 | | 521 441.5 | 8 692.6 | 1.67 | 12 602.5 | 2.42 | 4 758.5 | 0.91 | 17 361.1 | 3.47 |

# 附录2  2012年各地区核算结果

| 省份 | | 地区生产总值/亿元 | 虚拟治理成本/亿元 | 污染扣减指数/% | 环境退化成本/亿元 | 环境退化指数/% | 生态破坏损失/亿元 | 生态破坏指数/% | 生态环境退化成本/亿元 | 生态环境退化指数/% |
|---|---|---|---|---|---|---|---|---|---|---|
| 东部 | 北京 | 17 879.4 | 165.9 | 0.9 | 369.4 | 2.03 | 5.7 | 0.03 | 375.1 | 2.06 |
| | 天津 | 12 893.9 | 90.8 | 0.7 | 269.7 | 1.83 | 8.2 | 0.06 | 277.9 | 1.89 |
| | 河北 | 26 575.0 | 454.4 | 1.7 | 1 576.2 | 5.04 | 106.1 | 0.40 | 1 682.3 | 5.43 |
| | 辽宁 | 24 846.4 | 258.7 | 1.0 | 506.1 | 1.73 | 108.3 | 0.43 | 614.4 | 2.16 |
| | 上海 | 20 181.7 | 96.9 | 0.5 | 483.8 | 2.27 | 6.9 | 0.03 | 490.7 | 2.31 |
| | 江苏 | 54 058.2 | 542.0 | 1.0 | 1 137.0 | 1.86 | 74.1 | 0.14 | 1 211.1 | 1.99 |
| | 浙江 | 34 665.3 | 459.3 | 1.3 | 698.1 | 1.78 | 90.8 | 0.26 | 788.9 | 2.04 |
| | 福建 | 19 701.8 | 148.2 | 0.8 | 304.2 | 1.23 | 18.1 | 0.09 | 322.3 | 1.32 |
| | 山东 | 50 013.2 | 565.3 | 1.1 | 1 159.9 | 2.31 | 147.8 | 0.29 | 1 307.7 | 2.61 |
| | 广东 | 57 067.9 | 479.0 | 0.8 | 854.9 | 1.45 | 134.1 | 0.23 | 989.0 | 1.68 |
| | 海南 | 2 855.5 | 29.0 | 1.0 | 22.1 | 0.84 | 10.0 | 0.35 | 32.1 | 1.19 |
| | 小计 | 320 738.3 | 3 289.5 | 1.03 | 7 381.4 | 2.09 | 710.1 | 0.22 | 8 091.5 | 2.31 |
| | 占全国比例/% | 55.6 | 47.8 | — | 55.6 | — | 15.0 | — | 44.9 | — |
| 中部 | 山西 | 12 112.8 | 222.1 | 1.8 | 265.3 | 2.11 | 265.4 | 2.17 | 530.7 | 4.28 |
| | 吉林 | 11 939.2 | 138.6 | 1.2 | 232.3 | 1.94 | 91.6 | 0.76 | 323.9 | 3.24 |
| | 黑龙江 | 13 691.6 | 212.0 | 1.5 | 307.3 | 2.37 | 477.5 | 3.48 | 784.8 | 5.85 |
| | 安徽 | 17 212.0 | 219.2 | 1.3 | 332.7 | 1.84 | 34.6 | 0.20 | 367.3 | 2.04 |
| | 江西 | 12 948.9 | 146.0 | 1.1 | 229.7 | 1.49 | 35.0 | 0.27 | 264.7 | 1.75 |
| | 河南 | 29 599.3 | 386.0 | 1.3 | 817.7 | 3.03 | 160.3 | 0.54 | 978.0 | 3.57 |
| | 湖北 | 22 250.5 | 237.2 | 1.1 | 300.2 | 1.45 | 180.6 | 0.81 | 480.8 | 2.26 |
| | 湖南 | 22 154.2 | 204.9 | 0.9 | 553.9 | 2.34 | 164.6 | 0.73 | 718.5 | 3.07 |
| | 小计 | 141 908.5 | 1 766.0 | 1.24 | 3 039.1 | 2.20 | 1 409.6 | 0.99 | 4 448.7 | 3.19 |
| | 占全国比例/% | 24.6 | 25.6 | — | 22.9 | — | 29.7 | — | 24.7 | — |
| 西部 | 内蒙古 | 15 880.6 | 198.7 | 1.3 | 373.4 | 2.26 | 493.0 | 3.14 | 866.4 | 5.40 |
| | 广西 | 13 035.1 | 165.3 | 1.3 | 232.5 | 1.75 | 176.2 | 1.34 | 408.7 | 3.09 |
| | 重庆 | 11 409.6 | 106.2 | 0.9 | 300.7 | 1.91 | 6.2 | 0.05 | 306.9 | 1.97 |
| | 四川 | 23 872.8 | 293.5 | 1.2 | 469.8 | 1.63 | 240.7 | 1.02 | 710.5 | 2.65 |
| | 贵州 | 6 852.2 | 110.5 | 1.6 | 216.3 | 3.01 | 73.6 | 1.07 | 289.9 | 4.08 |
| | 云南 | 10 309.5 | 192.0 | 1.9 | 199.0 | 1.98 | 149.3 | 1.44 | 348.3 | 3.42 |
| | 西藏 | 701.0 | 6.6 | 0.9 | 41.9 | 4.20 | 476.3 | 68.64 | 518.2 | 72.83 |
| | 陕西 | 14 453.7 | 205.5 | 1.4 | 430.8 | 3.15 | 99.8 | 0.70 | 530.6 | 3.84 |
| | 甘肃 | 5 650.2 | 120.3 | 2.1 | 227.2 | 4.43 | 203.9 | 3.64 | 431.1 | 8.07 |
| | 青海 | 1 893.5 | 121.3 | 6.4 | 70.3 | 2.61 | 514.0 | 27.72 | 584.3 | 30.33 |
| | 宁夏 | 2 341.3 | 79.7 | 3.4 | 135.8 | 5.95 | 26.0 | 1.12 | 161.8 | 7.07 |
| | 新疆 | 7 505.3 | 233.0 | 3.1 | 154.8 | 3.45 | 167.2 | 2.28 | 322.0 | 5.73 |
| | 小计 | 113 904.8 | 1 832.6 | 1.6 | 2 852.5 | 2.45 | 2 626.2 | 2.33 | 5 478.7 | 4.78 |
| | 占全国比例/% | 19.8 | 26.6 | — | 21.5 | — | 55.3 | — | 30.4 | — |
| 全国 | | 576 551.6 | 6 888.1 | 1.19 | 13 273.0 | 2.3 | 4 745.9 | 0.83 | 18 018.9 | 3.14 |

# 附录3 术语解释

## 1．实物量核算

就环境主题来说，绿色国民经济核算包含两个层次：一是实物量核算，二是价值量核算。所谓实物量核算，是在国民经济核算框架基础上，运用实物单位（物理量单位）建立不同层次的实物量账户，描述与经济活动对应的各类污染物的产生量、去除量（处理量）、排放量等。

## 2．价值量核算

价值量核算是在实物量核算的基础上，估算各种环境污染和生态破坏造成的货币价值损失。环境污染价值量核算包括污染物虚拟治理成本和环境退化成本核算，分别采用治理成本法和污染损失法。主要包括以下方面：各地区的水污染、大气污染、工业固体废物污染、城市生活垃圾污染和污染事故经济损失核算；各部门的水污染、大气污染、工业固体废物污染和污染事故经济损失核算。

## 3．治理成本法

污染治理成本法与污染损失法是计算环境价值量的两种方法。在SEEA框架中，治理成本法主要是指基于成本的估价方法，从"防护"的角度，计算为避免环境污染所支付的成本。污染治理成本法核算虚拟治理成本的思路相对简单，即如果所有污染物都得到治理，则环境退化不会发生，因此，已经发生的环境退化的经济价值应为治理所有污染物所需的成本。污染治理成本法的特点在于其价值核算过程的简洁、容易理解和较强的实际可操作性。污染治理成本法核算的环境价值包括两部分：一是环境污染实际治理成本；二是环境污染虚拟治理成本。

## 4．污染损失法

在SEEA框架中，污染损失法是指基于损害的环境价值评估方法。这种方法借助一定的技术手段和污染损失调查，计算环境污染所带来的种种损害，如对农产品产量和人体健康等的影响，采用一定的定价技术，进行污染经济损失评估。目前定价方法主要有人力资本法、旅行费用法、支付意愿法等。与治理成本法相比，基于损害的估价方法（污染损失法）更具合理性，体现了污染的危害性。

### 5．实际治理成本

污染实际治理成本是指目前已经发生的治理成本，包括污染治理过程中的固定资产折旧、药剂费、人工费、电费等运行费用。

### 6．虚拟治理成本

虚拟治理成本是指目前排放到环境中的污染物按照现行的治理技术和水平全部治理所需要的支出。虚拟治理成本不同于环境污染治理投资，是当年环境保护支出（运行费用）的概念，可以从 GDP 中扣减，采用治理成本法计算获得。

### 7．环境退化成本

通过污染损失法核算的环境退化价值称为环境退化成本，它是指在目前的治理水平下，生产和消费过程中所排放的污染物对环境功能、人体健康、作物产量等造成的种种损害。环境退化成本又被称为污染损失成本。

### 8．绿色国民经济核算

绿色国民经济核算，通常所说的绿色 GDP 核算，包括资源核算和环境核算，旨在以原有国民经济核算体系为基础，将资源环境因素纳入其中，通过核算描述资源环境与经济的关系，提供系统的核算数据，为可持续发展的分析、决策和评价提供依据。

### 9．绿色国民经济核算体系/资源环境经济核算体系/综合环境经济核算体系

绿色国民经济核算体系，又称资源环境经济核算体系、综合环境经济核算体系，是关于绿色国民经济核算的一整套理论方法。为了把环境因素并入经济分析，联合国在 SNA-1993 中心框架基础上建立了综合环境经济核算体系（Integrated Environmental and Economic Accounting，SEEA）作为 SNA 的附属账户（又称卫星账户），1993 年公布了 SEEA 临时版本，2000 年公布了 SEEA 操作手册，目前 SEEA-2003 版本也已正式公布。随后，UNSD 相继发布了 SEEA-2008

和 SEEA-2012 版本。

## 10．环境污染核算

环境污染核算是绿色国民经济核算的一部分。绿色国民经济核算包括自然资源核算与环境核算，其中环境核算又包括环境污染核算和生态破坏核算。环境污染核算，主要包括废水、废气和固体废物污染的实物量核算与价值量核算。

## 11．经环境污染调整的 GDP 核算

经环境污染调整的 GDP 核算，就是把经济活动的环境成本，包括环境退化成本和生态破坏成本从 GDP 中予以扣除，并进行调整，从而得出一组以"经环境污染调整的国内产出"（Environmentally Adjusted Domestic Product，EDP）为中心指标的核算。

## 12．绿色 GDP

联合国统计司正式出版的《综合环境经济核算手册（SEEA）》首次正式提出了"绿色 GDP"的概念。在理论上，绿色 GDP=GDP – 固定资产折旧 – 资源环境成本=NDP – 资源环境成本，其中 NDP 是国内生产净值。在本研究中，考虑到在实际应用方面，GDP 远比 NDP 更为普及，因此采用了绿色 GDP 与 GDP 相对应的总值概念，即绿色 GDP=GDP – 环境成本 – 资源消耗成本。简单地说，绿色 GDP 就是传统 GDP 扣减资源消耗成本和环境损失成本调整后的 GDP。

# 致　谢

　　本报告由环境保护部环境规划院牵头完成，由《中国环境经济核算研究报告 2011》和《中国环境经济核算研究报告 2012》组合而成。相关数据主要由中国环境监测总站和国家统计局提供，《中国绿色国民经济核算体系》研究单位还包括清华大学环境学院、中国人民大学和环境保护部环境与经济政策研究中心。

　　感谢中国科学院牛文元教授、环境保护部金鉴明院士、世界银行高级环境专家谢剑博士、世界银行驻中国代表处 Andres Liebenthal 主任、联合国环境规划署盛馥来博士、北京大学雷明教授、挪威经济研究中心（ECON）Hakkon Vennemo 研究员、美国哥伦比亚大学 Perter Bartelmus 教授、加拿大阿尔伯特大学 Mark Anielski 教授、意大利 FEEM 研究中心 Giorgio Vicini 研究员等专家对中国绿色国民经济核算方法体系提出的真知灼见。

　　感谢全国人大环境与资源保护委员会、全国政协人口资源环境委员会、环境保护部对外环境保护经济合作中心、国家统计局工业交通统计司、国家统计局社会科技统计司、水利部水利水电规划设计总院、国家卫生健康委员会中国疾病预防控制中心等单位对中国环境经济核算研究提供的帮助；感谢财政部、科学技术部和世界银行意大利信托资金对中国绿色国民经济核算研究给予的资金和项目支持。

　　感谢对中国绿色国民经济核算研究曾经给予关心、指导和帮助的所有人！